“最美中国”丛书(第二版)

最美的宝藏

周 迪 著

合肥工业大学出版社

图书在版编目(CIP)数据

最美的宝藏/周迪著．—2版．—合肥:合肥工业大学出版社,2017.12
(最美中国丛书)
ISBN 978-7-5650-3765-8

Ⅰ.①最…　Ⅱ.①周…　Ⅲ.①古生物—化石—介绍—中国②历史文物—介绍—中国　Ⅳ.①Q911.2

中国版本图书馆CIP数据核字(2017)第325268号

最美的宝藏

周　迪　著　　　　责任编辑　朱移山　张　慧

出　版	合肥工业大学出版社	版　次	2011年12月第1版
地　址	合肥市屯溪路193号		2017年12月第2版
邮　编	230009	印　次	2017年12月第2次印刷
电　话	总　编　室:0551-62903038	开　本	710毫米×1000毫米　1/16
	市场营销部:0551-62903198	印　张	9.5　　字　数　127千字
网　址	www.hfutpress.com.cn	印　刷	安徽联众印刷有限公司
E-mail	hfutpress@163.com	发　行	全国新华书店

ISBN 978-7-5650-3765-8　　　　定价:30.00元

序

赵焰

一直以为，中国传统文化的精髓，从时间上说，是在明朝之前的。明朝之前，占据社会主流的，是清明理性的孔孟之道。崇尚自然、游离社会的道学，作为主流思想的补充，与儒学一起“相辅相成”、“一阴一阳”，使得社会主流思想具有强大活力。从总体上来说，中国文化的源头，无论是周公、老子、孔子，还是后来的诸子百家，比如说孟子、荀子、庄子、韩非子、墨子等等，都对人生保持清醒、冷静的理性态度，保持孔子学说实践理性的基本精神，即对待人生、社会的积极进取精神；服从理性的清醒态度；重实用轻思辨、重人事轻鬼神的思维模式；善于协调，讲究秩序，在人伦日用中保持满足和平衡的生活习惯……中国文化的源头如此，决定了汉民族的心理结构和精神走向，包括汉民族理想追求、文化风格以及审美倾向。

中国文化在明朝之前，占据社会主流的，是高蹈的士大夫精神。最显著的表现在于：人们遵从天地人伦之间的道德，有高远的理想，讲究人格的修炼，反对人生世俗化，鄙视犬儒的人格特征。从春秋时代起，中国知识分子一直以“修身齐家治国平天下”为人生使命，以追求道德、知识和审美为人生归宿。比如说孔子，从他的言语来看，更像是倡导一种人生价值观，追求人生的美学意义。又比如说庄子，他的学说，不像是哲学，更像是一种生活美学：道是无情却有情，看似说了很多超脱、冷酷的话，实际上透露出对于生命、本真的眷恋和爱护，要求对整体人生采取审美观照态度，不计功利是非，忘乎物我、主客、人己，以达到安详和宁静，让自我与整个宇宙合为一体。这种贯穿着士大夫精神的人生价值观，让人忘怀得失摆脱利害，超越种种庸俗无聊的现实计较和生活束缚，或高举远蹈，或怡然自适，或回归自然，在前进和后退中获得生活的力量和生命的意趣。这就是中国历代士大夫知识分子一以贯之的艺术清洁精神。英国大哲学家罗素曾经说：“在艺术上，他们（中国人）追求精美，在生活上，他们追求情理。”这是说到关键了。

中国人的生活哲学就是如此，一方面高旷而幽远，另一方面也连着“地气”，是自发的浪漫主义和自发的经典主义的结合。道家是中国人思想的浪漫派，儒家是思想的经典派。当东汉年间佛教传入之后，这种以出世和解脱为目的的宗教体系遭到了儒学和道教的抵抗，从而消解了印度佛教中很多寡凉的成分。经过“中庸之道”的过滤，其中极端的成分得到了淡化，避免了理论或实践上的过火行为。也因此，一种中国特色的佛教观产生了，佛教在中国更多变身为“生活禅”，变成一种热爱生活创造人生的方式。中国人一方面避免了极端的“出世”之路，另一方面，由于心灵的滋养、美智的开发，使得东汉魏晋，包括后来的南北朝、隋唐、五代十国以及唐宋元产生了很多高妙的艺术，“艺术人生”的观念也随之如植物一样葳蕤生长。可以说，这些朝代，是中国最具审美价值、最开人们心智、也最出艺术珍品的年代。也因此，很多艺术种类都在这个阶段达到了高峰，比如说唐诗、宋词、元曲、书法、绘画、音乐、舞蹈等等，它们洋溢着一种高蹈的精神追求，境界高远，洁净空旷，如清风明月，如古松苍翠。从审美上看，由于存有或明或暗的观照，存有人格与事物的交融，主题得到了提升，感悟与生命同在，境界与天地相齐，一种深远的“禅意”油然而生……从总体境界上来看，这一阶段的各类艺术形式，因为主题和境界的破对立、空物我、泯主客、齐生死、反认知、重感悟、亲自然、寻超脱等等，达到了各自的高峰。它们是最能代表中国文化精髓的。

中国的艺术精神到了明清之后，有低矮化的倾向。明清以后，由于社会形态的变化，专制制度进一步严酷；加上统治者出身和教育的局限，以及愚民政策的目的，整体文化和审美呈低俗化的倾向，社会和人生的自由度越来越窄，艺术的想象空间越来越逼仄，艺术作品的精神高度下降。随着“程朱理学”和科举制度的推行，人们的想象力、创造力被扼制，审美弱化，艺术更趋“侏儒化”、“弱智化”。大众普罗的喜好抬头，刚正不阿的风骨软化，崇尚自由、自然、提升的审美精神也在丧失。不过尽管如此，在明清时代的中晚期，那种崇尚自然、物我两忘的高贵精神仍时有抬头，一批有着真正艺术精神的独立艺术作品或有出现。尽管如此，士大夫精神已不是艺术美和生活美的主旋律，它只是一种空谷幽兰的生命绝响。

近现代之后，由于社会动荡，战乱连连，再加上西方现代化所导致的实用主义、功利主义的渗入，中国的文学艺术遭到了进一步摧残，传统的艺术精神更进一步沉沦。艺术的政治化倾向、实用主义倾向和世俗主义倾向抬头，这直接导致了真正的艺术精神缺失，艺术的品位下降，高蹈精神向世俗俯首，自然和自由变身为功利和实用，士大夫精神更是变身为犬儒主义。中国近现代上百年的屈辱和战乱，更使得中国自古以来高洁的审美观变得扭曲和肤浅：黄钟大吕变成田野俚语，布衣青衫变成了披红挂绿，古琴琵琶变成了锣鼓鞭炮，洁身自好变成了争相取宠，安详宁静变成喧哗骚动，幽默风趣变成庸俗不堪……如果说是与非、美与丑是人类最基本标准的话，那么，很长一段时间里，这种基本标准都在丧失，很多人已分辨不了是与非，也分辨不了美与丑。“文革”时期八个脸谱化的样板戏在左右着中国人的全部精神生活，这样的现象，又何尝不令人扼腕叹息！

如果说中国当代教育存在着诸多问题的话，那么，以我的理解，当代教育最大的问题，甚至不是传统丢失、精神扭曲以及弱智低能，而是在美育上的缺失。很多年来，人们丧失了一些最基本的判断，不知道什么是美的，什么是丑的；很多人将美当成丑，将丑当成美，从而失去了美的方向性。这一点，只要观察我们周围的人们，就可以得出结论——在我们的周围，到处都是对于生活没有感觉，对于美丑没有鉴别的人。他们所拥有的，只是功利，只是物质，只是金钱，只是对美丑的弱智的鉴别和判断。这些人不仅仅是一些教育低下的人，甚至一些貌似受过良好教育的人也是这样——他们虽然拥有很高的学历，有很好的教育背景，但在美丑的辨别力，以及对于艺术、心灵的觉察力、感悟力和理解力上，同样表现得能力低下、缺乏常识。这样的现象，实际上是我们多年以来的教育缺乏美育，缺乏精神导向的结果。一个人的审美，是与道德和智慧联系在一起的，审美的缺失，实际上也是道德和智慧的缺失。一个对美缺乏判断力的人，很容易在人生中缺乏动力和方向，也很容易被民族主义、法西斯主义、极端主义、工业主义所奴役，成为过度现代化的牺牲品。在很多时候，这种人不可能是一个丰富的生命，只是一架精神匮乏的机器。现在，这一套由合肥工业大学出版社精心组织的“最美中国丛书”，似乎在某种程度上，弥补了一些“寻根”和美育上的缺失。这一套书的第一辑共十本，它们分别是：《最美的思想》《最美的品格》《最美的女性》《最美的诗歌》《最美的文辞》《最美的书画》《最美的宝藏》《最美的乐舞》《最美的风物》《最美的民俗》，旨在于“重建中国优美形象，重构华夏诗意生活”，通过对古代思想、伦理道德、文学艺术、风景民俗等的重新梳理，重新发现中国特有的美，倾情向世人推介这种美，以期真正的美得到传承。这套书知识精准，图文并茂，力求童趣与大美的融合，悦目和感人的统一。对于正在成长的青少年来说，这一套书，应是一个不错的选择，最起码它可以让人知道，什么是中国的最美，什么是中国真正的美。

上个世纪初，著名教育家蔡元培先生曾经提出过著名的“五育并举”教育方针，“五育”为：军国民教育、实利主义教育、公民道德教育、世界观教育、美感教育。其中，美感教育尤其有特色，蔡先生还以“以美育代宗教”的口号闻名于世。在蔡元培看来，美育是宗教的初级阶段，对于没有宗教传统的中国人来说，美育教育是一种基础，并且相对宗教，美育更安全，更普及，也更为人接受。通过美育，可以培育出道德是非的基础，培育出向上的力量。虽然蔡元培的这一观点引起过一番争论，但对于一个人来说，有美的熏陶，有对于美丑的正确判断，怎么都不能说是一件坏事。并且，美与是非，与善恶，与道德，与人类的心灵，与这个世界的根本，是联系在一起的。以对美的判断和感知为出发点，了解中国历史，了解中国文化，了解中国人曾经的艺术生活，了解一个民族的内心世界；从而进一步了解世界，了解世界的规律，与身边的一切做到和谐相处，都是大有好处的。

也许，这套书的意义就在于此。

目　录

第一篇　最美的生命

第二篇　最美的器物

中国人说有了花，世上就有了花

——世界第一朵花

如果没有花，这个世界会成什么样?

孩子说：没有花，花仙子会失业的！哥哥说：没有花，情人节我该送什么给梦中的她？妈妈说：没有花，我的后院只剩下单调的绿了。爷爷说：没有花，没办法给奶奶献殷勤喽！

幸好这世上有花。

从古至今，花的起源一直被赋予种种浪漫的想象，它们被人类看成上天的恩赐。从已找到的化石来看，在距离我们1.1亿年前左右的史前时代，花已经遍布世界。但如果再往前追溯，这些会开花的植物就神秘失踪了。地球上第一朵花是在何时、何地诞生的？刚出生的它长什么模样？经过怎样一番蜕变，它才成为今天美丽的精灵？自然界中“花的起源”问题，让人们费尽了脑筋。

辽宁古果

中华古果

早在100多年前，英国生物学家达尔文已经开始关注花的“身世”。既然生命是逐渐进化的，那必定有更早、更原始的花。他进行了大量研究，试图找到花的先祖，可惜一无所获。达尔文恼羞成怒，将它称为“一个讨厌的谜”。植物学家们傻眼了：就连进化论的奠基人都束手无策，还有谁能解开这个谜题呢？直到1998年中国人的发现，让世界看到了希望。

1998年1月的一个深夜，中国南京古植物学家孙革教授刚刚结束一天的工作。“该休息了！”他揉了揉酸胀的眼睛，“对了，今天的包裹还没拆呢！”他抱起一个又大又沉的包裹放到桌上——里面装着几天前，同事从东北采回的三块植物化石标本。

前两块化石没什么特别，孙教授略略扫了一眼便放下了。第三块植物化石却有点稀奇，孙教授把它放在显微镜下仔细观察，几乎不相信自己的眼睛！在一株纤细的、主侧枝呈倒人字形的、貌似蕨类植物的枝条上，螺旋状排列着40多枚类似豆荚的果实，每个果实中都包藏着2至4粒米粒般大小的种子！而这块化石，正来自1.4亿年前的侏罗纪晚期地层。

至此，科学家可以肯定，这是已知世界上最古老的被子植物，并将它命名为“辽宁古果”。“世界第一花”就是它啦！

或许有人问，科学家怎么也犯糊涂？“辽宁古果”分明是果实，哪来的花？其实，果实和花之间有密不可分的联系。花的部分结构进一步发育，就形成了果实；而果实，也只能由花形成。

作为迄今世界上发现最早的被子植物，“辽宁古果”出生显赫。“被子植物”是现今植物界最高级、最繁盛、分布最广的植物类群。人类吃的大米、小麦和水果，身上穿的棉麻，医疗所需的药品，建筑所需的木材，以及装点生活的鲜花，绝大多数都来自于它。大自然只有进入被子植物时代，才有了真正的花，大地才开始真正变得绚丽多彩、生机盎然。哺乳动物更是随着被子植物的兴起而繁盛，并进化发展到高级阶段。

继辽宁古果之后，朝阳又发现一种新的被子植物化石，被命名为“中华古果”。科学家认为“辽宁古果”和“中华古果”都生活在1.45亿年前，是迄今发现的世界上最古老的被子植物，是世界上最早的花。它把被子植物的历史向前推进了1500万年以上。

华丽丽的寒武纪

——澄江动物化石群

在暗黄色滩涂外，是一片绿得发蓝的海水。潮湿的风吹过，海面上泛起阵阵涟漪。阳光穿透水面，散射出几束绸缎般柔和的光线，照亮了几位悠然自得的海洋“居民”。自寒武纪以来，大自然开始进化出一大群千奇百怪的动物。小至几毫米，大至数米，地球一下子热闹起来。

突然，海水腾起阵阵泥沙。一只两米多长的奇虾狠劲甩动尾巴，像开

奇虾复原图

足马力的螺旋桨，横冲直闯了过来。别看名字里也有个“虾”，它可比如今的“虾米”蛮横得多！奇虾体型魁梧、“身手”毒辣，是寒武纪海底最大最凶猛的食肉动物。果然，它的大螯里很快多了一只倒霉的海怪虫。奇虾心满意足地挑选了一处舒适的浅海海床，准备饱餐一顿。

这时，海面上的世界又是怎样呢？雨季刚一停歇，岸边的泥流就沿着海底斜坡缓缓滑下，掀起阵阵腐藻败叶，仿佛给海床铺上了一层厚“棉被”。奇虾来不及挣扎，已被泥土埋个严实，再也动弹不得。当它再次沐

浴阳光，已经是5亿年以后的事儿了。

1892年，人们在加拿大首次发现了奇虾的部分“遗体”。就像小学生练习“看图说话”一样，面对残缺不全的古化石，科学家开始猜测它的原貌。其中，加拿大著名生物学家惠特威的想象最引人瞩目——他认为，这块化石来自一种没有脑袋的节肢动物，腹部长着虾状的附肢。好奇怪的家伙！看起来是虾，却不是真正的虾，科学家把它命名为“奇虾”。

一千个人眼中，有一千个哈姆雷特。在接下来的日子里，人们更深刻地领悟了这句话的真谛。因为，一千个人眼中也有一千只“奇虾”！随着

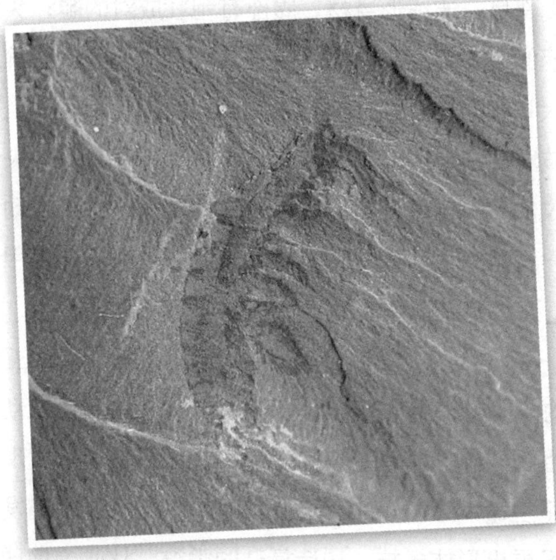

奇虾化石

身体其他部分化石逐渐露面，“奇虾”复原图就一天一个样。美国地质调查所主管、史密森协会主任瓦寇，将新发现的化石命名为“西德尼”虫；1911年，他再次发现类似海参的古生物化石，命名为“拉甘”虫；最后，他又发现一种名叫“沛托”的水母虫。复原后的“沛托”，环状构造的身

躯附有32个骨片，活像披着“黄金圣衣”的圣斗士。哎，回想当年声震四方，傲视海底众生；如今却身首异处，深闺无人相识。奇虾只好长叹一声：古来霸王皆寂寞啊！

直到在中国云南澄江帽天山发掘出三块最完整的奇虾化石，人们才解开古生物学上长达一个世纪的误解。原来，它是“四合一”生物！奇虾的后端、西德尼虫觅食的附肢、压扁后的拉甘虫，加上中部有孔的沛托虫！几只风马牛不相及的家伙被科学家完美拼合，一个巨大凶猛的猎食者形象呈现在世人面前。

让我们来看看奇虾真面目：流线形身材，腹部有粗壮成对的腿；头部呈长椭圆形，一双带短柄的大眼睛高高向外凸起；口腔前侧长着一对镰刀状前肢，25厘米直径的大口善于掠食任何大型生物；口腔内，装备有坚硬的外齿和内齿，能轻松肢解食物；头部以下分成11个叶片，在身躯中央达到了最宽。一旦看到心仪的美味，奇虾会“手尾”并用，一边激烈滑动四肢，一边猛烈拍打尾扇，气势惊人。同属寒武纪的三叶虫虽有矿化外甲保护，但遇上奇虾也难逃一死。如果它会做噩梦，梦到的一定都是奇虾。

寒武纪是地质史上一个久远的年代，距今大约四亿九千万年~五亿四千万年，比恐龙兴盛的侏罗纪还要早3亿年。奇虾、云南虫等“澄江动物化石群”引起了国际古生物学界的轰动，被称为“20世纪最惊人的发现之一”。它证明了“寒武纪生命大爆发”的存在。当时，多细胞动物突发性地在海洋中繁衍，继而发展出形体多样、构造复杂的类群。从此，地球上出现了纷繁驳色、多彩多姿的动物世界。

龙鸟大陆，鱼翔浅底

——狼鳍鱼化石

1.23亿年前，中国辽宁西部阳光充裕，大小湖泊星罗棋布。

前几天的暴风雨，让一棵粗大的裂银杏倒入了湖泊。落叶打着旋儿，在湖面铺开，挡住了毒辣的阳光——这成了狼鳍鱼纳凉捕食的好地方。它们成群结队在水中追逐蜉蝣幼虫，尽情享用美味大餐。欢乐的鱼群没有察觉，危险正悄悄向它们靠近。

一根奇怪的浮木，顺着水流缓缓漂来。浮木长着斑驳的小疙瘩，不时还冒出几个水泡。好奇的狼鳍鱼们忘记了捕食，纷纷凑上前看热闹。突

狼鳍鱼化石

然，浮木活动了——原来是伊克昭龙！它闪电般昂起头，狠狠咬住一条狼鳍鱼的脑袋，一阵血色涟漪立刻扩散开来。

突如其来的杀戮，惊动了浅水区的潜龙一家。它们伸着几乎和身体等长的脖子，灵活地赶来抢夺猎物。湖面水花四溅，狼鳍鱼群眼看就要全军覆没。正在这紧急关头，一群洄游的原白鲟突然闯进了“战场”。数十条

潜龙化石

原白鲟浩浩荡荡，一米多长的身体、闪闪发亮的齿状鳞片，让潜龙不得不乖乖“让路”。趁潜龙发呆的当儿，狼鳍鱼群迅速集合队伍，转眼消失不见……

这起湖面暴力事件的“受害者”狼鳍鱼，正是中生代后期东亚地区特有的淡水鱼类，也是中国“热河生物群”中最具名气的鱼类。它属于原始的真骨鱼类，身体呈纺锤形或长纺锤形，体长约10厘米，和享誉美名的金龙鱼是远亲。在我国辽宁西部，出土了大量保存完整的狼鳍鱼化石。它们大多双眼圆睁、嘴巴张开，惊恐不安——一次大规模火山爆发，将它们永远留在了湖底。热焰烘烤让鱼群无处可逃，铺天盖地的火山灰将它们层层包裹，形成了今天的化石。

在辽西化石产地，科学家在同一底层里，发现了紧挨着狼鳍鱼的恐龙化石。善于伪装的伊克昭龙、牙尖嘴利的潜龙，甚至还有鸟类化石相伴左右！伊克昭龙是一种长吻离龙，能长时间把身体浸泡在水中，闭气功夫一流。它上颚安装有特殊定位装置“犁鼻器”，能感受化学信号、探测气味，协助舌头分辨食物。直到今天，犁鼻器还是蛇和蜥蜴用来侦测的“杀手锏”。舌头一伸，外部环境了然于心；舌头一回，轻轻扫过犁鼻器，便能将信息传至大脑，作进一步分析。便于携带、易于隐藏，这样的生化“利器”上哪儿找去?

和伊克昭龙一样，潜龙同属于离龙类。它身长116厘米，仅尾巴就占了全长的一半。脖子与全身的比例更不协调，接近身长1/5。细长的脖子连接一个袖珍的脑袋，口内竖着几十枚森森利齿。有句话叫“牙好，胃口就好”，难怪潜龙是狼鳍鱼等鱼类的忠实“食客”。

龙、鸟和鱼被掩埋在同一时代、同一地层，这足以证明：它们曾经居住在同一片天空下，只是各自的生活环境不同。在狼鳍鱼自在游弋那会儿，地球上大部分地区还是浩瀚的海洋。鸟击长空，鱼翔浅底；被子植物刚刚萌芽，哺乳动物寥寥无几。经过漫长的演变，其中的一些佼佼者才成了日后的新物种。

近距离观察被封印在岩石中的狼鳍鱼，人们会发现每一条鱼儿都有自己的特点。或直身，或摆尾，仿佛正在奋力游动。它们用生命记录下了中生代清澈的湖泊、蔚蓝的天空，和曾经生活过的那片天地。

信不信由你

——中华旋齿鲨化石

在形形色色的古生物世界里，活跃着许多身怀绝技、仪表不凡的“大人物”。霸王龙看似前爪羞涩，实际上是个凶残老辣的嗜血杀手；三角龙膀大腰圆，遍体铠甲堪比一辆小型装甲车；剑齿虎利齿森森，两把“长牙匕首”冷气逼人……

当我们阅过“能人异士”无数，胆子也放大了许多：嗨，有什么大不了的！

也许正是看不惯人类自以为是的毛病，来自远古海洋的旋齿鲨决定露

中华旋齿鲨

一手：让世界知道，什么叫做“天外有天”！

没有巨齿鲨“什么都能吃”的好胃口，也没有邓氏鱼“什么都敢咬”的好胆识，但它却有自己的独到之处——满口奇妙的、呈螺旋状排列的牙齿，透着一股诡异神秘的气息。这下，人类果然被吓得不轻，连声惊呼：这是什么玩意儿？

旋齿鲨是一种早已绝迹的古老软骨鱼类，生活在二叠纪至三叠纪的原

始海洋，距今约有2.9亿~2.5亿年。和其他软骨鱼类一样，旋齿鲨的骨骼无法形成化石。只有当软骨出现钙化，极少的骨骼形状和构造才得以保存。因此长久以来，人们只能见到旋齿鲨的牙齿化石，完整的骨架化石尚未得见。根据牙齿的内部构造，古鱼类学家将它划分为鲨鱼类。旋齿鲨的“神秘”，引起了中外众多古生物专家的关注。

俄罗斯古生物学家卡尔宾斯基，是世界上第一位发现旋齿鲨行踪的人。1899年，他在乌拉尔山上采掘到一块化石，恰似一个螺旋形圆盘，直径约26厘米。起初，卡尔宾斯基以为这是一种罕见的菊石，仔细观察才发现：它竟是某种古鲨鱼的牙齿！牙齿从大到小，密密麻麻卷成一圈环状螺旋，犹如一把锯齿锉刀，又像一台随时开动的疯狂“绞肉机”。这么复杂的牙齿，长在鲨鱼身体的哪个部位？又能发挥什么作用？

为此，古生物学家描绘了旋齿鲨的各种想象图：有的将旋齿放在它的背鳍上，像一座形状奇特的小风车；有的把旋齿吊在尾巴尖上，像猪尾巴一样卷翘；有的将旋齿倒挂在下颚，充当抽打猎物的“钢鞭”；有的甚至将旋齿安在鼻子上，让它活像一头邪恶的海底巨象……哪个才是真实的它呢？

1962年，人们在我国浙江省长兴县首次发现了旋齿鲨化石，古鱼类学家将它命名为“中华旋齿鲨”。1975年春，在海拔4600米高的珠峰上，人们又发现了一件珍贵的弧形旋齿鲨化石，较好地保存了旋齿鲨的脑颅眶前部分。据此，专家终于还原出了它的大概面貌，以及当时的生活场景：

当月光洒满海面，数百个外盘菊石一窝蜂地从海百合丛中涌出。它们借着海底暗流急速上升，然后悬停在一处觅食。橘色的月光下，菊石浮现出火炬一般的绚丽花纹，把整片海域变得温暖起来。多么美丽的海景啊！

可在旋齿鲨眼里，真正的美不仅要好看，更要好吃。旋齿鲨生来就是

菊石

一个地道的“吃货”。无论什么东西，只要进入可视范围内，它都会用牙先探索一番。今天运气不错，遇见一大群鲜美可口的外盘菊石，旋齿鲨的牙齿又开始蠢蠢欲动。

外盘菊石包裹着一层坚硬的外壳，嘴上长有锋利的喙，算不得众鲨眼中的好食材。但旋齿鲨天赋异禀，偏爱吃这些硌牙的硬家伙。内卷成环状的牙齿，极大地提高了削切的强度；牙床呈螺旋形排列，让美味在口中绵绵悠长，绕齿不绝。一条旋齿鲨在一生中，要脱落数万颗牙齿。每次进食，它都有一部分牙齿磨损甚至脱落，好在抵着牙床的后备齿会很快补上，一点儿不影响战斗力。当外盘菊石的碎屑落满海床，旋齿鲨的肚子也滚瓜溜圆了。

一步一莲花

——綦江恐龙足迹群

经验丰富的侦探，总是能从案发现场发现蛛丝马迹。仅从脚印上，我们就能读到很多有价值的信息。古足迹学正是一门有关“脚丫儿”的有趣科学。从千足虫到袋鼠，地球上的动物或多或少都会留下足迹。而那些由恐龙遗留下来的史前脚印，已成为近年来古生物学家热衷研究的对象。

一个脚印能保存上亿年？听起来有些不可思议。动物在一生中要走许许多多的路，如果每一步的脚印都能保存下来，实在是一个惊人的数字。但事实上，人们已发现的恐龙脚印并不多，甚至极为稀少。

恐龙足迹是化石的一种。要想使脚印成为化石，必须满足很多复杂的条件。地面太软，泥土含水量较高，脚印很快会被四周流动的泥沙淹没；地面太干，泥土缺水干裂，想留下脚印都难。因此，恐龙必须选择温度、黏度、颗粒度非常理想的泥土，再努力踩上几脚。更重要的是，脚印需

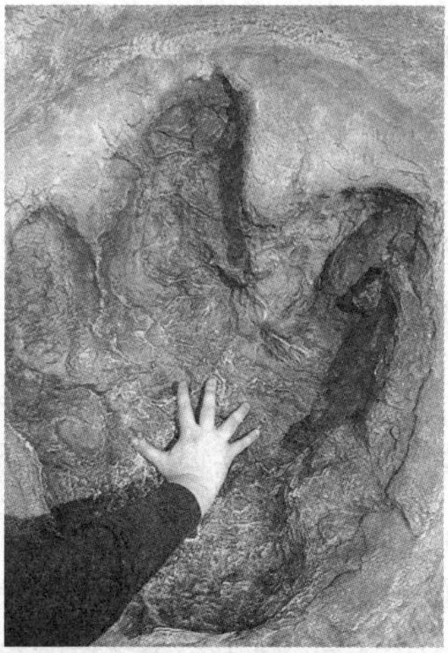

霸王龙足迹

生死追逐

要适时地被外来沉积物所覆盖！覆盖得过早或者过晚，都不能形成足迹化石。在古生物学家眼中，一个清晰可辨的恐龙脚印，可比阿姆斯特朗的登月脚印珍贵得多！

从脚丫儿里，古生物学家看出了很多门道。比如，人们猜测巨大的远古蜥脚类恐龙远离陆地，生活在水中，全凭水的浮力托起沉重的身躯。1938年，美国得克萨斯州发现了大量巨龙类足迹，清楚地告诉世人：无论多么巨大的蜥脚类恐龙，都能利用四肢支撑身体，在陆地上活蹦乱跳、撒欢打滚。从此，蜥脚类恐龙摆脱了“生活不能自理”的笨重形象。

又如，人们为恐龙是否群居的问题争论不休。从同一种类的恐龙骨骼化石来看，聚集原因大多数是洪水冲击。美国著名古生物学家、耶鲁大学名誉教授奥斯特罗姆通过观察鸭嘴龙的足迹，发现它们并不孤僻。世界各地还陆续发现同方向、不同年龄段的大量恐龙足迹群，我国自贡恐龙足迹群、内蒙古鄂尔多斯市恐龙足迹群等等，用铁一般的事实证明：恐龙爱群居。它们休戚与共、互爱互助，齐心协力抵御外敌。

再如，古生物学家曾为“恐龙能跑多快”这个问题犯难。连最先进的电脑模拟技术，也不能准确推断出恐龙奔跑的数据。如今，只需要连续三个以上的恐龙足迹，就能计算出恐龙的奔跑速度。于是，足迹的主人有的慢悠悠散步，有的昂首阔步前进，有的一路小跑冲锋，有的撒开丫子狂奔，有的甚至能还原当时恐龙捕猎的细节！一只饥肠辘辘的恐龙追逐猎物，追着追着体力不支，停下脚步喘了几口粗气，然后继续追。可惜休息时间太长，猎物早已逃之夭夭，它只好垂头丧气地往回走……

恐龙足迹还附带了很多新奇玩意儿。我国兽脚类扬子龙足迹、加拿大朗氏鸭嘴龙足迹，都保存了恐龙脚底的皮肤组织印痕。如果恐龙正巧路过一条泥泞小路，脚掌深深陷了进去，等它拔腿继续赶路，别的沉积物恰巧将脚印填充，那么后人便能得到一个恐龙脚印的完整模型！

四川重庆綦江县老瀛山古寨的恐龙足迹群，不仅珍贵，而且颇具艺术色彩。当地山势陡峭，密林丛生，而且遍地布满奇怪的凹坑和印痕。这些图案大小不一，仿佛一朵朵绽放成四瓣的绝壁莲花。“莲花保寨”这个名字也因此流传至今。直到古生物专家解开“莲花之谜”，人们才恍然大悟：原来，这些“莲花”是恐龙留下的“个性签名”！

占地约140平方米的綦江恐龙足迹群，是我国西南地区迄今为止发现的白垩纪地层最大规模的恐龙足迹群。大小不一的足迹约一千多个，从长度看，最短的有11厘米，最长的有35厘米；从形状看，有三趾形、梅花形和圆盘形，隶属于甲龙类、鸟脚类和兽脚类三大类别。专家推测，当时生活在这里的恐龙体型最大可达20多米。其中，数量最多的“莲花”形足迹共176个，是鸭嘴龙留下的杰作。

奔跑的龙群

綦江恐龙足迹群

没有最大，只有更大

——马门溪龙

在科幻电影里，传说中的“龙”常被演绎成藏在湖泊深沼中的怪兽。它们来无影、去无踪，有的爱吃荤，有的爱吃素；它们懂得炒作自己，时常留给人们一个美丽又模糊的背影，吸引着全世界的好奇心。有人说它长着大象的长鼻，浑身柔软光滑；有人说它是长颈圆头，没有尾巴；有人说它腾出水面时，水柱升天，浪花四溅；有人说它潜入深渊时，龙啸四野，雾气弥漫……久而久之，人们发现：无论哪个国籍的水怪，都有一个共同点：长得离谱的脖子。

在我国新疆的一些湖泊里，也曾有巨大“水怪”出没。从目击者的描

马门溪龙袭击合川龙

述中，人们愈发觉得“水怪”似曾相识。它让我们联想到了早已灭绝、令亚洲骄傲的“龙”——马门溪龙。

如果时光倒流一亿五千万年，地球正在经历生物进化史上最具意义的侏罗纪时代。恐龙群各据一方，成为无可争议的“霸主”。其中，就包括100多种蜥脚类恐龙。蜥脚类恐龙最大身长超过30米，有很长的颈和尾，

粗壮的四肢支撑着大酒桶似的身躯。虽是坚定的素食主义者，但它们庞大的身躯却令其他恐龙心生惧意，是动物王国真正的“巨无霸”。

在过去相当长的时间里，人们一直认为，蜥脚类恐龙生活在较浅的湖泊中，以逃避肉食性恐龙的袭击。但经过专家深入研究，发现它们并非那么胆小怕事。其实，蜥脚类恐龙和大象一样，是生活在陆地上的动物。它们的骨骼具有陆生哺乳动物的特征，而发达的肩带则是陆生脊椎动物的标志。这种构造的肩带，不但能有效连结前肢与躯干，还能减少前肢落地的震动。马门溪龙等蜥脚类恐龙趾骨粗短，脚部骨骼更适于在陆上行走。不过，这还不是马门溪龙最令人惊讶之处。

1952年，四川宜宾马鸣溪渡口出土了我国第一具马门溪龙化石。中国古脊椎动物学鼻祖杨钟健教授，以发现地将它命名为“马鸣溪”龙。可杨教授夹杂着浓重的陕西口音，工作人员误将“马鸣溪”听成了“马门溪”。当科学家发现这个无心之错时，“马门溪龙”的大名已经广为人知了。

新疆炎热干燥，是盛产哈密瓜和葡萄的地方。但在晚侏罗纪时期，这里还是一片生机勃勃、绿色葱茏的原始森林。粗壮高大的云杉、银杏等裸子植物肆意生长，地面被低矮的蕨类植物覆盖，空气中不时传来恐龙的沉闷嘶吼。“亚洲第一体长”的中加马门溪龙，时常成群结队地穿过丛林、越过平原，寻找食物。虽然它们身材粗壮，但偏偏生长着一个蟒蛇般的小脑袋和“樱桃小口”。加上牙齿稀疏无力，难怪马门溪龙一天要进食300公斤才能吃饱。因此，天刚一放亮，龙群便急急赶早进食。它们最爱高树冠上的嫩叶，虽说蛋白质和脂肪含量不高，但营养价值还算令人满意。

当庞大的马门溪龙阵出现，面前挡路的植物纷纷被折断或挤向两旁，大地都在隆隆震颤。同为食草恐龙的巨棘龙，时刻与它们保持着友好的距离。只有这样，那些食肉恐龙才不敢轻易靠近，安全系数高达百分百！将军庙单脊龙远远跟着龙群，恨得牙痒痒——它的同类已经数次毙命于高速挥动的“流星锤”下了。

在四川盆地生存的合川马门溪龙，体形高大而雄伟，是中国恐龙界的“明星”。它从头顶到尾尖全长达22米，身高为3.5米，活着的时候体重可达26吨。合川马门溪龙的最大特点就是颈部特别长，达9米，是现生的长颈鹿的颈部长度的3倍！现生的哺乳动物，包括长颈鹿在内，都仅有7个颈椎，而马门溪龙却有19个颈椎，而与其同属蜥脚类的梁龙仅有15个颈椎，难免会相形见绌。到目前为止，它仍然是人们发现的颈部最长的蜥脚类恐龙。如果它在地上行走时把脖子伸直，能轻而易举地把头伸进普通三层楼房的窗户。因此，当它用后腿站立时，可以够到高处的食物。它的颈部还特别生有肋骨，称为颈肋，也特别长，最长的可达3米，能与后面的第三个脊椎相连。这些颈肋互相连结，增强了颈部的力量，但颈部显得十分僵硬，连转动一下也很费力。看来，有时候“长处”也就是“短处”啊！

合川马门溪龙与大象对比

“跃出”五彩湾
——迷你暴龙化石

暴龙又叫霸王龙，历来是恐龙界的“超级偶像”。自打它的化石在北美露面以来，就一直独领风骚、长盛不衰，享有极高的人气。

暴龙拉丁学名为“凶暴的蜥蜴”，身长达17米，站立时足有6米高。一只成年暴龙体重约5000公斤，相当于三只大象的分量！它不仅是白垩纪晚期的凶残杀手，更是古今陆地上最大的肉食性动物。只要暴龙一出动，整个森林都会拉响“红色警报”。动物们一边夺路而逃，一边尖声惊叫，从它们惊恐万分的面部表情和手忙脚乱的肢体语言就能看出——大事不

五彩冠龙

妙，暴龙来了！

暴龙的头骨可达1.5米长，下颌强壮有力，关节面靠后。这表明它的嘴巴能开合到最大程度，用“血盆大口”来形容，一点也不为过。它口中长着短剑般锋利的牙齿，参差不齐，每颗约有20厘米长。牙齿边缘并不锋利，而是呈锯齿状，稍有些弯曲。这样的颌骨与牙齿构造，无疑是长期以

五彩冠龙复原图

其他动物为食、撕扯和咀嚼大块肉类的结果。暴龙的后肢结实粗壮，脚掌长着三个趾头，趾端有尖锐的爪。爪和牙齿是极为有用的搏斗武器，不知有多少鸭嘴龙和甲龙丧命于暴龙爪牙之下。

可是，即便最可怕的“杀戮机器”，也有不尽如人意的地方。暴龙的前肢已经退化，无力地蜷缩在胸口，短小到连自己的嘴巴都够不着。这样鸡肋似的设计，为什么会在进化中被保留下来?

为此，古生物学家曾做过一个有趣的猜想——让人类与暴龙来一场掰手腕PK赛！首先，我们假设暴龙不吃人，赛场上绝对不允许有吃掉对手的事故发生；接下来，PK赛在“友谊第一，比赛第二”的良好氛围下拉开序幕。人类参赛者挽起袖子，胳膊上隆现一块块丘陵似的肌肉；暴龙轻蔑地冷笑一声，伸出看似羸弱的前肢，稍稍一使劲！天啊，暴龙的二头肌居然有430磅曲力，能轻而易举地撕扯物体。而最发达的人类肌肉，也仅有260磅曲力。别说史泰龙和施瓦辛格，就算绿巨人上阵照样一败涂地！

在恐龙世界，暴龙书写了一段不朽的“江湖传奇”。大家为它惊叹的同时，不禁会问：这位空前绝后的超级“杀手”，究竟如何演化而来?

一直以来，最古老的暴龙当属在欧洲发现的距今1.5亿年的祖母暴龙。可惜它的化石材料十分有限，仅留给人们一块趾骨残片。随后，古生物学家在我国境内发现距今1.3亿年的帝龙化石，骨骼保存相当完整，是当时最确凿的原始暴龙类恐龙。2002年，我国新疆五彩湾又出土了两具原始暴龙类化石，古生物学家称它们为“五彩冠龙”。五彩冠龙比祖母暴龙早了1000万年，比帝龙早了3000万年，一举成为目前最确凿的原始暴龙类恐龙。

与暴龙相比，处于进化早期的冠龙体形袖珍了许多，可以用“小不点”来形容。它全身长约3米，站立着还不到1米！但是，它却拥有暴龙很多重要特征：拱形排列的牙齿、愈合的鼻骨和形态独特的肠骨。它似乎又是鸟类的远亲，生有一对翅膀似的前肢，浑身长满羽毛。最引人注目的是，它的脑袋上顶着一个单薄脆弱、充满空腔的头冠！如同孔雀的尾和麋鹿的角，冠龙的头冠没有任何攻击性，似乎有些华而不实。可每当繁殖季节来临，它立刻显出好处了！夸张的头冠变得艳丽夺目，成了冠龙的“求偶信号灯”，以吸引异性的注意。

也许，大自然在冥冥之中早已猜到：几千万年后，冠龙将成为恐龙末代王朝的霸主。因此，提前给它加冕这顶五彩“皇冠”，以接受世间众生的瞻仰。

飞吧，这是成长的代价

——带羽恐龙化石

提起恐龙，我们自然会联想起那些已经灭绝的庞然大物。可近年来，科学家根据在中国辽西发现的带羽恐龙化石，竟大胆向“恐龙绝灭说”提出挑战：恐龙并未全军覆没！它们当中，有一群机灵聪明的家伙，至今仍活跃在地球上。

这个论断立刻引起了人类警觉：如果世上仍有恐龙存在，一定要找到它们！万一哪天怪兽来袭，我们上哪儿找奥特曼拯救地球？

恐龙也明白这个道理。因此，它们早早做好了准备，改头换面：藏起碍事的尾巴，卸下锋利的尖牙，经过一番魔鬼瘦身，完全变了模样！你相信吗？当你穿过无人的操场，它正趴在篮筐上晒太阳；当你走过喧闹的街头，它就站在梧桐树上嗑树籽儿；当你仰望天空，它干脆大摇大摆地从你头顶“呼啦啦”飞过……你能想象，鸟儿就是藏在你身边的恐龙吗？

中华龙鸟复原图

中华龙鸟化石

有关鸟类的起源，始终是人们数百年来争论不休的话题。19世纪中晚期，古生物学家在德国巴伐利亚的石灰岩层中，发现了大约1.5亿年前的7件始祖鸟化石，与一根鸟类羽毛。围绕这些化石，人们打起了无休止的“口水仗”。鸟类是由恐龙进化而来？还是和恐龙一样，由槽齿类爬行动物进化而来？由于无法和当事人对质，物证又极度缺乏，这场争论最终悬而未决。

如果能找到毛茸茸的恐龙，就不用浪费口水了！全世界的古生物学家都在心里默默祈祷。

1996年，中国辽西传来一个好消息——找到毛茸茸的恐龙了！古生物学家在辽西及其相邻地区，发现了各种各样带羽毛的恐龙化石。它们有的具有原始的羽毛类型，有的已和鸟类羽毛相近，有的保存了大量未知的鸟类骨骼特征，大大颠覆了人们对于恐龙外貌的传统印象。

距今1.2亿年前，中国辽西大地是一个美丽的生物天堂。这里生活着许许多多全身带羽的恐龙：中华龙鸟、原始祖鸟、北票龙、尾羽龙、帝龙……“羽龙家族”可谓实力强大。色彩斑斓、玲珑娇巧的带羽恐龙变换姿势，要么在地面狂奔追逐，要么在树间攀援跳跃，要么在湖面滑翔低飞。它们头顶生着和鸟类一样的羽冠，曾一度被误认为是原始鸟类。这一切说明：在恐龙生命中的某个阶段，它们是有羽毛的！鸟的祖先很可能就是恐龙。

孔子鸟复原图

恐龙是如何飞向蓝天的？让古生物学家带领我们穿越时空隧道，重温这一演化进程吧！地球上第一只恐龙，大约出现在2.3亿年前。它个头不高，像鸵鸟一样用后腿支撑身体。数千万年后，它的后代组建成一个形

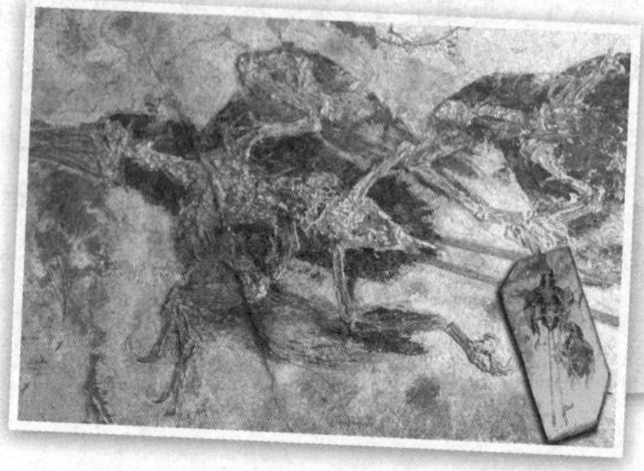

孔子鸟化石

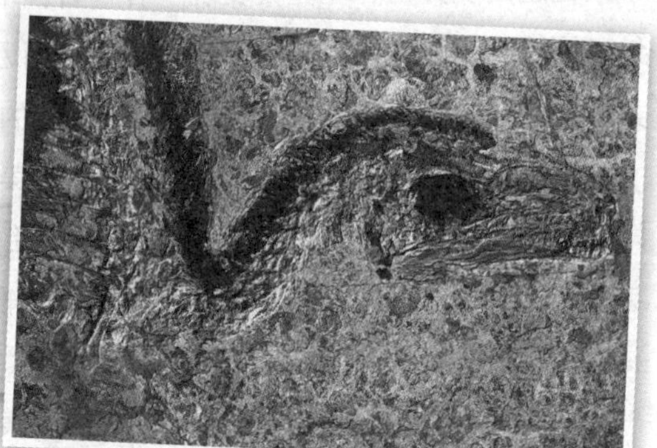

中华龙鸟的脑袋

态各异的恐龙大家庭：有的继承了祖先的习惯，坚持用两足奔跑；有的标新立异，趴下身来手足并用；有的身长几十米，重达数十吨；有的体型娇小，体重不足几公斤……其中，一些猎食性恐龙为了躲避敌害，忍痛抛弃了鳞甲和前肢，换来轻盈温暖的羽翼，身体构造也更加适于飞行。

有科学家认为，这些带羽恐龙占领了高高的树枝，在不断跳跃中学会滑翔，最终掌握了飞行的技巧。也有科学家认为，带羽恐龙长期在地面上奔跑跳跃，通过扑打双翼学会了飞翔。无论是“树栖说”还是“地栖说”，带羽恐龙都如愿以偿地飞向蓝天，开辟出新的生存空间。

有了带羽恐龙的加盟，中生代的天空更加热闹喧嚣。其实，早在3亿年前，昆虫家族已经成功飞上天空，成为强大的空中猎手。进化中，昆虫得到了大自然的眷顾，没有为飞行付出“成长的代价”。它们不仅完整地保留了六肢，而且绝大多数还额外获得了两对翅膀。想到这，鸟儿们会不会觉得不公平呢?

打不垮的板牙军团

——啮齿类动物化石

“硕鼠硕鼠，无食我黍！”

“官仓老鼠大如斗，见人开仓亦不走。”

古人用夸张的诗句，巧妙地讽刺贪官污吏像偷粮大老鼠一样可恶。世上果真有斗那么大的老鼠吗?

不但有，世界上还有像小犀牛那么大的鼠类！300多万年前，乌拉圭曾生活着一种原始水豚鼠，是老鼠的远方亲戚。它长着硕大无比的脑袋，身板比野猪还结实。直到现在，南美的水豚鼠仍有1.3米长，重50千克。

世界上最小的鼠类有多大呢？它们能在麦穗上筑巢，体重仅20克。同样是鼠类，两者的差别怎么这么大?

自诞生以来，鼠类动物已经在地球上摸爬滚打了5300万年。如今，它们一共进化出29科430属1814种，约占当今世界哺乳动物属种的40%，数量惊人。据说，世界上每6个哺乳动物中就有1个属鼠科。除了冰天雪地的南极，世界每个角落都有鼠类的身影。地面上活跃着臭名昭著的老鼠、弹跳力惊人的跳鼠，泥土中隐藏着酷爱挖洞的鼹鼠，水中畅游的是勤俭持家的河狸，林间飞翔的是追求刺激的鼯鼠……生物学家将它们统称为“啮齿目”。

我像老鼠吗？其实我是兔子

生为啮齿目动物，一对大板牙是必不可少的身份象征。它们的门牙和人类的头发一样，会无休止地生长。如果任其发展，门牙就会越长越大，最终撑得上下颚无法合拢。这下麻烦大了！不能“闭嘴”，往后怎么吃东西？因此，啮齿目动物大多养成了啃噬物品、勤快磨牙的习惯。

五花八门的啮齿目动物，根据牙齿、咬肌大体分成四类：始啮类(北美仅有的山河狸)、松鼠类、鼠类和豚鼠类。由于数量多、进化快，啮齿类种群充当了科学家的“得力助手”，成为确定地层时代最为有效的指示化石。一种名叫模鼠的田鼠类化石，在不到300万年的时间里，牙齿变化了好几番模样。如果在地层里找到模鼠化石，就能推断出该地层的时代。

啮齿类动物的起源，一直是生物学家讨论的话题。近年来，人们依靠在我国发现的化石证明：啮齿类动物起源于中亚！安徽省潜山县古新世地

野兔

野鼠

层中的东方晓鼠，是啮齿类动物的祖先；内蒙古的磨楔齿鼠，是最原始的啮齿类动物；而与晓鼠一同发现的兔形类祖先——模鼠兔，证明了兔与鼠实属同门。兔类在大门牙后面，还生长着一对小门牙，因此人们将兔类称为双门齿目，将啮齿类称为单门齿目。

鼠和兔是哺乳动物中演化十分成功的种群，繁殖力大得惊人，适应环境的能力更令人类望尘莫及。如果人类不珍惜爱护自己的生存环境，也许若干年之后，地球就是它们的天下了。

“国宝”身世之谜
——熊猫化石

在弱肉强食的自然界，豺狼虎豹是人见人怕的“嗜血杀手”。它们凶神恶煞、勇猛狂躁，即便身困牢笼，依旧张牙舞爪、威风不减。而“国宝”大熊猫和众多食草动物一样，坚持绿色健康饮食，温顺乖巧、憨态可掬。然而在很久很久以前，它们却是一家人。

大熊猫是猫科动物的一种，仅缩居于四川的横断山东缘和秦岭南坡西段。然而，就在距今大约200万年~1万年的更新世期间，它的足迹不仅遍布我国华南，甚至到达秦岭以北。如何从远古的食肉类祖先，演变成今天专以竹子为食的物种，至今令科学家感到好奇。

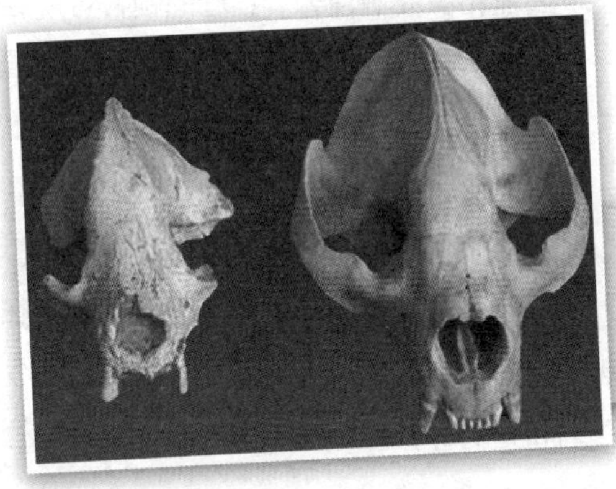

熊猫头骨化石

食肉类动物是一个成员众多、势力庞大的超级“家族”。从大约6000多万年前的古新世至今，地球上都有食肉动物的身影。它们大多数生活在陆地上，只有海豹、海狮等少量鳍脚类食肉动物居住在水里。陆生食肉动物又分成犬形和猫形两大支系，犬形包括犬类、熊类、鼬类、熊猫类和浣熊类，猫形包括灵猫类、鬣狗类和猫类。在悠久的历史长河中，它们的演化速率、演化方向、生活习性，以及赖以生存的生态环境，都不尽相同。因此，在体型大小、身体结构、牙齿形态等方面，也有很大的差异。看

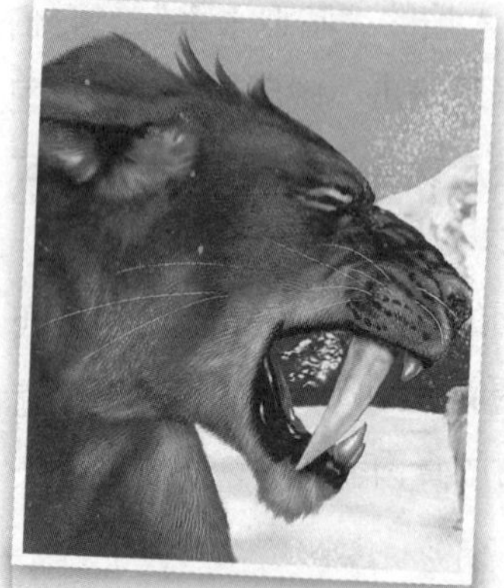

剑齿虎复原图

来，猫儿狗儿的分歧从那会就开始积攒了。难怪猫狗之间常常大战呢！

在所有陆生食肉类中，猫类动物在捕杀和肉食生活上特化得最完全。强壮、灵敏，完善的身体结构，使它们能长距离跳跃和高速度短距离冲刺，以捕杀和它们大小差不多甚至更大的动物。它们四肢粗壮，脚上带有极富弹性的肉垫和能自由伸缩的利爪，便于捕捉和攫取牺牲者。强壮的颈，可以经得住由于头和牙齿的猛烈动作而引起的强烈振动。牙齿高度特化，只剩下刺戮和剪切两种功能，犬齿长而强大，上颌的第四个前臼齿和下颌的第一个臼齿发展成一对剪切状的“裂齿”，其他部位的牙齿则退化或消失。

在猫类动物的进化中，从距今约4000多万年的始新世开始就存在着一种双分现象：一支发展成活跃的、行动敏捷的侵略者，这就是我们今天依然能够看到的猫、虎、狮、豹和猎豹等；另一支则发展成笨重的、行动迟缓的剑齿虎。

老虎家族中的“剑齿虎”，体型比老虎和猎豹更魁梧，口中两个上犬齿如同两把利刃，刃缘分布着许多密集的小锯齿，长且锋利。剑齿虎敢袭击比它们自身还大的动物，在攻击猎取对象时，利用强壮的颈部力量以及肩部和身体的重量投入一击，以使两把锋利的“宝剑”插入捕获物的体内。连犀牛和大象这样的庞然大物，见之也望而生畏。如果说虎是“兽中之王”的话，称剑齿虎为“王中之王”一点也不过分。但由于自身过于特化，当更新世结束时，剑齿虎终因赖以生存的大型食草动物的开始灭绝而走向灭亡。

虽然有共同的兴趣爱好——“吃肉”，但食肉动物也并非“一根筋”，无肉不欢。有趣的是，它们在饮食习惯上各有所好、异彩纷呈，甚至走向两个完全相反的极端。

同是猫科的灵猫只吃水果、蚂蚁和昆虫，对血淋淋的肉类不感兴趣。大部分犬类、熊类和浣熊类是“荤素”搭配的杂食者，更加注重营养均衡。鼬类中的水獭，爱在河中捕鱼捉虾，泛着腥味的贝类是它的最爱。鬣狗胃口另类，专以腐肉和尸骨为食，生来就是一副鬼鬼祟祟的嘴脸。

科学家怎么对原始食肉动物的食谱了解得这么详细呢？答案就藏在动物的粪便里。它们将肉连带骨头一齐吞进肚里，粪便中难免有未消化的骨渣，最终形成了珍贵的化石。

遥远的东方有一条龙

——红山碧玉龙

红山碧玉龙

龙，是中华民族文明和精神的象征。每一个炎黄子孙都骄傲地自称为“龙的传人”。然而，这个神圣而厚重的龙文化究竟起源于何时何地？龙的原始形态是什么样子？千百年来一直都是个谜。

中国神话中记载，真龙常常幻化成海鱼和飞鸟，在人间穿梭，轻易不以自己的真面目示人。“中华第一龙”也是如此。“龙非池中物，乘雷遇上天”，等待了千百年的岁月，人们终于揭开了它的神秘面纱。它名叫红山碧玉龙，来自内蒙古赤峰市以北的三星塔拉嘎查村，蒙语意为“美丽的草甸”。

红山碧玉龙出土后，曾被送往日本、美国、英国等各国展出，获得如潮的好评。人们称誉它为“中华第一龙”、“华夏第一龙”和“天下第一龙”。如今，它被正式收入中国国家博物馆，成为国家永久收藏的一级文物。

仔细端详这件国宝，它是用一整块玉材雕刻而成，运用了圆雕、浮雕、浅浮雕等多种技艺，周身光洁滑腻。龙身上刻有猪首、马鬃和蛇身，因此又被称为“猪嘴玉龙”。在中国老百姓心中，龙是吉祥、智慧的象征，也是人与天沟通的媒介。神话传说中，它甚至有主宰风雨、驾云飞天的神奇本领，充满着浓厚的神秘色彩。只见这条玉龙雕刻，微微蜷曲着身体，似乎正在积蓄力量，马上就要腾空而起，直冲云霄。它的造型像是英文字母C，又像是甲骨文中的“龙”字，浑身上下都透着一股不可言喻的神圣和威严。

据专家考证，红山碧玉龙距今约5000年~6660年，象征了当时部落的图腾崇拜，是祭天时使用的一种特殊神器。它是中国年代最早、体积最大的龙形玉器，是龙文化的雏形，华夏儿女终于找到了龙的源头。一时间，红山碧玉龙名扬天下、四海皆知。没想到，这却引发了一场“真假玉龙”之争！

自打红山碧玉龙成名之后，它的发现地赤峰地区就炸开了锅，各种各样的假玉龙层出不穷。许多“山寨版”的红山碧玉龙，外形、光泽都和真玉龙十分相似，一般人几乎分辨不出真假。许多爱龙心切的收藏者，都上了制假者的当。

想找出真正的中华龙吗？其实方法很简单！红山碧玉龙的背部有一个细小的穿孔，尺寸拿捏得异常精准。如果把细绳穿过小孔，将龙身吊起，停止摆动后你就会惊讶地发现：玉龙的头尾始终处于同一水平线。无论制假者怎么模仿，都不能测算得如此精密，准确地把握穿孔的尺寸。只要你拿细绳一吊，假玉龙就失去平衡、原形毕露。面对古人的智慧，制假者只有忘“龙”兴叹、自愧不如。

5000多年前，在测算工具极不发达的古代，要想手工雕刻出这么精美的玉龙，简直比登天还难。那么这条古龙是怎样诞生的呢？至今科学家还没有找到答案。

初见曙光的华夏艺术

——原始彩陶葬具

庄子在《逍遥游》的开篇，讲述了一个古老而瑰丽的鲲鹏传说。“北冥有鱼，其名为鲲。鲲之大，不知其几千里也，化而为鸟，其名为鹏；鹏之背，不知其几千里；怒而飞，其翼若垂天之云。”

文中的“鲲鹏”，是一种可以载入吉尼斯世界纪录的巨型生物，它好比《七龙珠》里的超级赛亚人，是鲲和鹏两种神物的合体。古代神话中，曾记载过这只鲲鹏的来历：五方天帝列下有五位臣子，分别掌管四方四季。其中北方天帝的臣子冬神玄冥，能逢川化鲲、御风成鹏。他的形象便是手持秤砣、人面鱼身。让我们大胆设想一下——人面鱼纹盆底的神秘图案，是不是古人对玄冥的素描呢？

人面鱼纹盆

人面鱼纹盆是新石器时期葬具的一种，由细泥红陶制成，敞口卷唇。盆内壁有黑彩绘出两组对称的人面鱼纹，因此而得名。人们先用红黑赭白等色将图案绘在陶器上，再进行烧制。这样加工而成的彩陶，无论多久都能鲜艳如新。绘在盆底的人鱼合体，眼睛细而平直，鼻梁挺直，神态安详；头顶有一个尖尖的发髻，佩戴着鱼鳍形的装饰，显得威武华丽。远古的半坡人在河谷阶地营建聚落，过着以农业生产为主的定居生活，兼营采集和渔猎。夸张的鱼纹装饰正是半坡人真实生活的写照，象征了族人丰收繁衍的渴望。

鹳鱼石斧陶缸

另一件出土于新石器时代的陶缸，又叫伊川缸，也是葬具的一种。先民用它来盛放遗骨，寄托了对死者的怀念与尊重。河南临汝阎村出土的《鹳鱼石斧图》陶缸，生动有趣，记录了一次日常狩猎的故事——

苍茫的原野上，几个矫健的身影拨开齐腰深的野草，飞快向前潜行。前方，一大群野鹿正在悠闲地散着步。这片土地上生长着肥美的植物根茎和野花草籽，吸引了成群的野鹿前来觅食。如果今天运气不错，猎杀到一头健壮的成年野鹿，那全族老小都可以美餐一顿了——想到这，众人的脚步跟得更紧了。

野草拍打石斧发出哗哗的声响，惊动了鹿群。猎物们四下逃散，一会儿便没了影。人们跟着野鹿追赶了一会，再也跑不动了，坐在地上大口地喘着粗气。懊恼的情绪，让所有人都沉默不语。忽然，一阵潺潺的流水声打破了沉寂。众人抬头望去，不远处，一条清澈见底的溪水绕坡而过。夕阳跌落在水面上，碎成了一片灿烂的金色。溪边立着一群奇怪的白鸟，腿细而修长；它们静静地俯视着水底，突然迅猛地一伸脖，口中便多了一尾肥硕的活鱼。鱼儿使劲摆动尾巴，想挣脱白鸟的利嘴；溅起的水珠落在白鸟的翅膀上，顺着光洁的羽毛又滴落回溪水里去了。

当晚，猎人们有说有笑地回到部落，心情似乎比平日更愉快。有什么可懊恼呢？夕阳晚照，鹳鸟清溪——我们已经收到了大自然最好的补偿。这件陶缸被誉为中国写意花鸟画的鼻祖。古人妙手偶得的一笔，意味着华夏民族的艺术气质开始萌芽。

相逢是敌亦是友

——新石器家用陶器

生活在钢筋水泥的城市森林，人类时刻与电视、电话、电脑等现代产品打着交道。面对这些冷冰冰的“面孔”，我们似乎多了一丝孤独，少了一份沟通。相较之下，新石器时代的原始居民，就比我们更懂得如何用心感悟生活。从已发现的马家窑文化、仰韶文化和龙山文化来看，我们的祖先不仅结交了很多动物朋友，还从鸟语花香的大自然中获得了创作灵感。

来自马家窑文化的舞蹈人纹彩陶盆，生动描绘了人们与动物“斗智斗勇”的场景，是迄今舞蹈人物最多的一件文物。他们手拉着手，整齐协调地迈动舞步，配合节奏将野兽赶入陷阱。欢快的气氛，预示着狩猎行动的胜利。当然，这种狩猎战术仅适用体型偏小的野兽，大型猛兽才不吃这一套。倘若它发起飙来，就算跳迈克尔·杰克逊的“太空步”也无济于事。不过，兵来将挡，水来土掩。画面上，人们扎起小辫当做“尾巴”，乔装成野兽群起围击，再难缠的对手也会甘拜下风。值得赞叹的是，陶盆利用水的折光作用使跳舞的人像倒映在水中，造成一种动态的视觉美感，令人拍案叫绝。

白陶鬶

陶鹰尊

舞蹈人纹彩陶盆

尊为古代的盛酒器，仰韶文化的代表作陶鹰尊，仿照了鸟类朋友的形象造型，如一只蓄势待发的猫头鹰。鹰的两腿空心，尾巴下垂落地，自然地形成“三足鼎立”，与整个容器浑然一体。这样既加大了容量，又具有稳定性。新石器时代以鸟类造型的陶器目前仅见此一件，是原始制陶工艺的杰作。1993年北京首次申办奥运会时，萨马兰奇主席亲自挑选七件能代表中国悠久历史和灿烂文化的文物，送往洛桑奥林匹克博物馆展示，陶鹰尊当选为文物形象“大者”。身为国宝“七君子”之一，它在申奥展会上为我国赢得了极高的赞誉。

可是，陶鹰尊的动物原型猫头鹰，却没有这么幸运。在原始社会，人们十分惧怕黑夜和猛兽。而猫头鹰夜间活动能力极强，能矫健地捕杀猎物，因此被敬奉为高贵神圣的图腾。但好景不长，自战国时代起，人们逐渐将它视为不祥之兆，无情杀戮。如今，科学已证明猫头鹰是一种对人类无害的益鸟。回首往日的荣耀和伤痛，一切都已烟消云散。猫头鹰潇洒地一摆头：飞自己的路，让别人说去吧！

鬶是东夷人创造的一种造型别致的器物。东夷人崇尚鸟图腾，因此，他们把鬶做成自己喜爱的禽鸟形象，美观实用。龙山文化的陶器杰作夹砂白陶鬶，外形似乎是展翅欲飞的苍鹰，又像一只仰首高歌的雄鸡。丰满的造型和中空的设计，让存储容积大大增加。陶器口部配有可开合的盖，起到了一定的保温作用。而且，当时人们的居住条件简陋，家中难免尘土飞扬。有了陶器盖，灰尘不会落入其中，保证了存储物的干净卫生。

展翅欲飞上九霄

——二里头铜爵

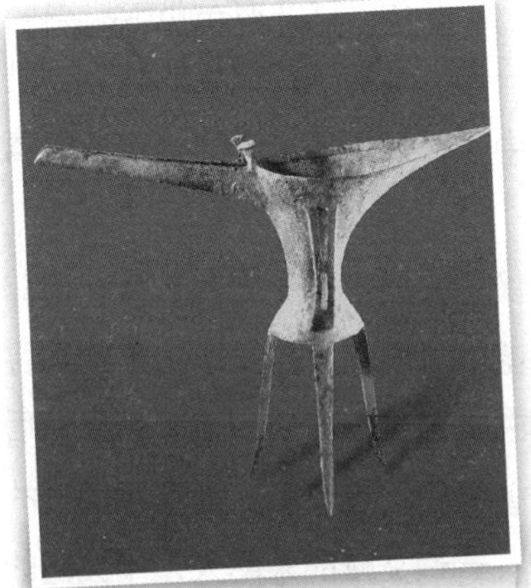

二里头铜爵

遥想尧、舜当年，社会远不如现在发达，国民生产总值（简称GDP）更是屡次跌破历史最低水平。尧、舜虽然贵为部落首领，但生活条件不比普通人强到哪里去。平日掌管部落大小事务不说，遇到洪水泛滥、干旱饥荒等天灾人祸，还要身先士卒，带领族人与灾难作斗争——想当个好首领，绝对是一件劳心劳力的苦差事。所以，禅让王位不仅能让自己得到“高风亮节”的美誉，又能趁机享享清福、安度晚年，称得上两全其美之策。

公元前2100年前后，夏禹在治水中脱颖而出。他本着“肥水不流外人田”的原则，改“禅让”为“世袭”， 把大权传给了自家的宝贝儿子。自此，中国开启了“家天下”的时代，夏朝成为我国历史上第一个奴隶制国家。自从当了王，不仅衣来伸手、饭来张口，而且餐餐大鱼大肉、日日美酒佳酿，第一次品尝“万人之上、唯我独尊”的甜头，夏王感觉良好极了。由于消费者对酒的需求增加，酒器也获得了极大的发展。河南省偃师县二里头出土的铜爵，是我国迄今为止最早的青铜酒器之一。

中国酒文化历史源远流长。距今四五千年前的新石器时代，随着农耕水平的提高，人们赖以生存的粮食逐渐有了剩余。在特定条件下，人们偶然发现：发酵的谷物能散发出诱人的香气！于是，先人开始探索酿酒的方法。新石器时代中晚期，我国人民已掌握了酿酒技术。当时，陶鬶、陶鬶、陶壶等等成为普遍使用的酒器。酒精有麻醉致幻的作用，是古人眼中的最佳“通神工具”。所谓“礼以酒成”，祭祀、社交时常常要以酒助礼。因此，酒器是中国古代最早的礼器之一，也是二里头文化的核心。时光流逝，酒的起源已经湮灭在历史的尘埃中了，只留下古老的酿酒、饮酒器具，供后世缅怀。

“爵”，一个优雅而绅士的名字，在《说文解字》《周礼》《礼记》中均有提及，与生俱来有一种精巧高贵的翩翩气质。爵是奴隶主宴饮宾客时使用的酒具，主要用于温酒和注酒。它三尖足，圆腹底，前有行云，后有流尾，犹如一只凌空展翅的小小云雀，备受统治者喜爱。爵刚刚问世的那会儿，并没有一个响亮的名字，还是擅长诗词文赋的宋朝人，用灵巧的“爵”字帮它点出了灵魂。云雀式的酒杯造型一直被沿用至今，幸亏古人没有“知识产权”的概念，否则咱们早就侵权啦！

二里头铜爵、铜斝和铜盉构成了最早的青铜酒器，铜爵、铜斝组合在商朝更加红极一时，直到西周早期才逐渐走向没落。周武王吸取了商人酗酒亡国的惨痛教训，爵也因此受到牵连，被打入“冷宫”。当它再次出现在世人面前，已经是几千年后的事儿了。云雀依然凌空展翅，从中我们似乎能感受到先人把酒言欢的酣畅淋漓。

刻在龟甲上的故事书
——刻辞甲骨

有首儿歌这样唱道："打雷要下雨，下雨要打伞，天冷穿棉袄，天热扇扇子——智慧就是这么简单。"没错，这些看似简单的生活细节，把它们搜集、整理并记录下来，就是人生智慧的全部。

在3000多年前的商朝时期，科学技术发展非常落后。那时候，全社会的认知水平和现代人相比，几乎处于幼稚园小班的水平。人们对大自然和社会生活中的诸多现象，都充满了好奇和向往，却又无法给出合理的解释。太阳为什么会东升西落？一年四季为何周而复始？人们只能"知其然"，而"不知其所以然"。不过不用灰心，咱们原原本本、完完整整地把这些内容记录下来，总能从中发掘出一些看不见的规律。

刻辞甲骨

可是在什么物品上记录，既能保存时间长久，又能携带方便、便于阅读呢？

甲骨是一种民间常用的药材，把它捣成粉末状，洒在刀伤、擦伤的伤口表面，能够起到止血的医疗效果。看着这一片片薄薄的龟甲，商朝人灵机一动——这不是用来记录的最好材料吗？于是，人们选择了乌龟的甲壳，以及与它相似的兽骨。

乌龟的甲壳是由背甲和腹甲两部分组成，用来刻字的较多是腹甲，因为腹甲比较平整，比起在其他坑坑洼洼的“龟壳书页”上书写要容易得多。兽骨主要是牛的肩胛骨，面积宽阔，往往是平整的一大块。其他甲骨要用三块才能写完的内容，牛骨只需一块就能轻松搞定。甲壳上的文字，就是我们所说的“甲骨文”。

甲骨文又称契文、龟甲文或龟甲兽骨文，是我国已发现的古文字中时代最早、体系较为完整的文字。绝大部分甲骨文发现于殷墟，包括河南省安阳市西北小屯村、花园庄和侯家庄，这里曾是殷商后期王朝都城的所在地。当时的统治者信奉占卜，大小事务都要祈问鬼神，事后将结果契刻在甲骨上。从已识别的约1500个单字来看，甲骨文已具备了“象形、会意、形声、指事、转注、假借”六种造字方法，展现了中国文字的独特魅力。

浏览15万片大大小小的“甲骨书”，我们可以了解商朝衣食住行、天文地理各个方面的情况。从倾国之力的外交、战争，到声势浩大的狩猎祭祖，上至统治者的生平简介，下至寻常百姓的鸡毛蒜皮……俨然是一本洋洋洒洒的殷商历史百科全书。

请大家翻到“殷商大百科全书”的第N页，我来为大家翻译一下甲骨上的内容：某年某月某日，某某人种了某某某粮食，获得了好收成；某时某分某刻，某地刮了一阵大风，紧接着下了一场暴雨，雨过天晴后竟出现了一场罕见的日蚀；当地百姓没有来得及避雨，浑身被淋成了落汤鸡，冷得直打哆嗦；这时候，突然间日月无光、昏天暗地，可怜的百姓又惊又怕，其中有五人得了一场大病……字里行间，3000多年前黄河流域边的华夏子民，已经向我们打开了通往商代的一扇窗户。

千古帝王，一言九鼎

——人面纹铜鼎

考古人员小心翼翼地辨别出埋葬坑的位置，终于打开了这座已经尘封千年的商代古墓。望着眼前各式各样的陪葬品，每个人都激动不已。正在众人屏息凝神的节骨眼儿上，竟然发生了一件意想不到的事！有位考古队员被地上的一块凸起物绊了一下，疼得龇牙咧嘴。他没好气地扭头去瞧：只见昏暗不明的光线里，突然冒出四张巨大的人脸……

提起古代的青铜器，人们最熟悉的可能就是鼎了。湖南省博物馆收藏着一件举世闻名的方鼎——人面纹铜方鼎，它是目前世界上唯一一件以人面装饰的商代青铜鼎，也是一件国宝级文物。

人面纹铜鼎的造型实在古怪奇特，尤其是那四张表情生动的“脸”。它出土时，人们的惊讶程度可想而知。其实人面纹铜鼎的发现过程，并没有前面描述得那么阴森恐怖。1959年湖南省博物馆的工作人员，无意中把它从长沙市毛家桥废铜仓库挑拣出来。当时，人面纹铜鼎已经碎成了九块，四只脚也只剩下了三只。直到人们在株洲冶铁场里发现另一只鼎足，又经过考古人员精心修复，这才使铜鼎恢复了往日的光彩。

人面纹铜鼎

原来，人面纹铜鼎可不是一般角色，而是商代万人敬仰的尊贵神器。它高38.5厘米，通体青绿，晶莹如玉；两只鼎耳向上竖起，粗壮的四足稳稳站立；鼎身为矩形，鼎腹内部刻有铭文“大禾”二字。透过象形字“禾”，人们仿佛看到稻秆被沉甸甸的谷穗坠得弯下腰去。据考古人员分析，人面纹铜鼎可能是为庆祝或祈求丰年铸造的礼器。也有人推测，“大禾”可能是铸造者留下的“签名”。

我国发现的青铜鼎，通常上端有两只铜耳，便于提携；下部长有四足，可以加温。用它来生火做饭，一定是个不错的选择吧！“鼎”原本就是古代烹煮食物的一种炊具，用来炖煮和盛放鱼肉，后来逐渐演变为夏商周的传国之宝。据《史记·封禅书》记载：“黄帝作宝鼎三，象天地人”；夏代建立后，大禹收九牧之金，铸成九鼎安置在荆山脚下，寓意“天下九州”；公元前606年，楚庄王曾问周王朝特派大臣孙满“周九鼎的大小轻重”，直言阴谋篡位之心。

鼎作为权利的象征，人们对它的使用规格进行了严格规定：士用一鼎或三鼎，大夫用五鼎，皇储皇室天子才能用九鼎。祭祀天地祖先时，必须行九鼎大礼。鼎壁通常镌刻满了魑魅魍魉的图案，提醒人们时刻保持警惕，防止被妖魔鬼怪所伤。

人面纹铜鼎上的四张面孔，眉目清晰、颧骨凸起、神情肃穆，似乎与我们的模样没有差别。不过，你仔细观察会发现，在人面两侧有两只夸张的大耳朵，耳朵四周分布着弯曲状的手爪纹饰。经过艺术加工后，立即让人联想到传说中的人面兽身怪物或者商朝大巫师，使整只铜鼎充满了朦胧神奇的色彩。

虽然秦王吞并六国、一统天下以后，象征九州的九鼎不知去向，但“鼎”在人们心中的地位再也无法撼动。

再续一杯英雄酒

——嵌绿松石象牙杯

提起我国历史上赫赫有名的巾帼女豪杰，你能数出几位?

替父从军的好女儿花木兰，英姿飒爽的女将军穆桂英，战功卓越的民族英雄秦良玉……数来数去，你还漏掉了一位重要人物！她是商朝武丁王的妻子“妇好”——中国历史上第一位女将军。殷墟甲骨文中，曾详细记载了她的英勇事迹。

妇好将军常常带兵打仗，比男子还要英勇善战，善于谋略。在一次与强敌的恶战中，她率领的部下多达13000人！商朝时期军队兵力十分有限，但妇好却能独自统领万人大军，她的军事才能果然非同一般。

妇好将军生前为国家立下了汗马功劳，在她去世后自然得到了隆重的厚葬。在墓中，考古人员一共发现了三件象牙杯，嵌松石象牙杯是其中一只。杯的主体是用象牙的根部制作成的，腹腰中空。杯的把手也是用象牙制成。象牙杯上部敞口唇薄，杯的中部微有收敛，腹腔下部安有圆形底，底部比口部稍小。杯的一侧上下钻两个对称的小圆孔，以此镶入榫，使杯身和杯手连在一起。它陈列在墓室中央，似乎静静等待着美丽勇敢的女主人再次醒来，与三军将士把酒言欢。

端起其中一件镶嵌有绿松石的象牙杯——好大的个头！原来这只象牙杯的主体，是用靠近象牙牙根的部分制成的。难怪比咱们的小腿肚还粗上一圈。如果不是亲眼所见，很难想象这只巧夺天工的嵌绿松石象牙杯，竟然来自妇好将军墓，距今已有3000多年的历史。

嵌绿松石象牙杯

嵌绿松石兽面纹铜饰牌

镶嵌是一门十分讲究的艺术，需要成熟的制作工艺和不凡的艺术水准。值得自豪的是，中华大地自古就不乏这方面的能手。早在原始社会，雕塑家就掌握了镶嵌手法。辽宁凌源牛河梁新石器时代的神庙遗址中，曾出土了一尊女神头像，头像的双眼用两颗碧玉琢成，宛如两弯深潭，堪称中国镶嵌工艺的开端。夏朝时期，镶嵌已经从其他工艺中分离出来，成为一门独立的类别。在夏朝二里头遗址出土的嵌绿松石兽面纹铜饰牌，镶嵌手法更高一筹，令人叫绝。

这只象牙杯上镶嵌着美丽的绿松石。传说，女娲娘娘用来补天的七彩神石，其中“一彩”便是它。清代，绿松石被奉为“天国宝石”，只有皇帝和太后的官帽才能镶嵌；在我国西藏，含有绿松石的珠宝玉器是不可亵渎的精神圣物；印第安人则认为，绿松石是象征大海和蓝天的精灵。从新石器大汶口遗址到南北朝墓葬中，都发现过绿松石饰品。工匠们先在器物上刻满复杂的凹槽，再将绿松石一点点嵌入，形成绿彩莹莹的条纹，几千年后依旧翠绿如新。

猜猜看，这只象牙杯一共花费了多少块象牙？告诉你吧，杯身、杯把分别是一段，杯底的部分又是一段。工匠分别将它们雕刻好，然后拼接在一起，一只完美的象牙杯就这样诞生了。在细密低凹的雷纹之间，颗颗松石闪烁出瑰丽醒目的光彩，带着点神秘，带着点绮丽……你是不是已经被它的美灌醉了呢？

苍茫问蜀天

——三星堆雕塑群

蜀道难，难于上青天。

和世界上许多历史发现地一样，我国四川省的西南地区，自古都是一个人迹罕至、相对隔绝的地方。这里，有三座突出于成都平原的黄土堆，绵延了12平方千米的广阔地域，人们给它起了一个古韵十足的名字——“三星堆”。

1986年，在考古人员的努力下，三星堆内两座大型商代祭祀坑陆续浮出水面。一座精通青铜铸造工艺的神秘国家——古蜀国遗址，赫然出现在人们面前。上起新石器时代晚期，下至商末周初时期，这座古城的历史延续了近2000年。高大厚实的古城墙、纵横交错的护城壕沟、排列有序的建筑群，依稀可见古蜀当年的繁华。

每一个民族都曾有过一段神秘的远古文明。每一个民族的人们都曾编织过登天的梦想。怎么才能找到登天的路呢？身为国家的最高统治者，古蜀国王也曾为这个难度系数百分之百的问题发过愁。听王国里德高望重的巫师说，在天地中心生长着一株高耸入云的大树。它的根系深深扎入地下，枝叶高高延伸到天宇，众神就是借这把参天“神梯”上天入地，来去自如。

黄金面具

按照想象中的模样，大胆的古蜀王立即命人制造出了一株仿制的青铜神树。虽然没有传说中的耸入云端，但是也足有五米左右，有两层楼那么高，是迄今为止发现的最大的青铜

青铜面具

器。既然是棵神树，当然要制作得精致华美、气势不凡。圆形的大树底座饰有云气图纹，仿佛大树正矗立在仙云缭绕的山峦之中。青铜镂空的树干直插云霄，上面生长着三层树枝，每层都有三根枝桠，颗颗熟透的鲜果几乎将枝头坠弯。九只神气活现的神鸟站在枝头，似乎正在打鲜果的主意。枝桠上还倒挂着一条栩栩如生的龙，剑状的羽翅仿佛还在微微抖动呢！古蜀王让巫师们在神坛上日日祭祀、夜夜祈祷，希望有一天能顺着“神梯”爬上九霄外的天宇，好好地观光游览一番。

至于后来古蜀王天外飞仙的梦想有没有实现，我们无从得知。不过从商朝遗留的青铜雕塑来看，古蜀国王似乎真的到外太空走了一回，还看到了神秘的外星生物。你瞧这个巨大无比的青铜面具：宽阔的额头和眉毛，嘴角几乎翘到耳根，蒲扇似的大耳朵支楞在脑袋两旁，扁平方正的脸庞似笑非笑，一双眼睛更是个性十足——狭长的眼球竟像两根柱子向外高高凸起。也许，他们就是传说中的“千里眼、顺风耳”了。而另一旁的青铜人装更加先进，它头戴圆圆的发箍，似乎是能360度灵活旋转的现代望远镜；头顶的冠形物高高竖起，好像一根摇杆天线，正在接受宇宙传来的神秘信号。在它左右，还立着几位“金甲神人”，脸上的黄金面具耀眼夺目，比动漫里的黄金圣斗士还要气宇不凡。这些雕像描绘的究竟是何方神圣？考古学家至今还未找到答案。

钟律和则玉羊见

——四羊方尊

在中国国家博物馆的各件展品中，四羊方尊算得上一位大“明星”了。它曾漂洋过海，多次参加世界级文物展览，让金发碧眼的外国专家围着它团团转。可是当它回忆起曾经的艰难岁月，你一定不会想到——这件无价国宝的一生竟然如此坎坷多舛。

很多精美完整的古代文物，刚出土时并不和我们现在看到的一个样儿。虽然它们曾经被主人视为珍宝、小心珍藏，但随着主人的离去，它们也被埋入了漆黑潮湿的地下。有的被石头磕碰出裂口，有的被雨水腐蚀成灰……一些“幸运儿”有机会重见天日，但不少已经变成一堆不起眼的烂木头、废铜块，再也不见了昔日风采。商代酒器四羊方尊也是如此。

1939年日军在沅陵展开大型轰炸，把埋在附近的它震碎成了一堆破烂铜片，随便扔弃在一家银行的库房中。新中国成立之后，考古人员在湖南发现了身负重伤的四羊方尊，立即对它进行“紧急救援”。他们请来全国闻名的文物修复技师，为四羊方尊查看伤势。文物修复是一项了不起的职业，经过专家的手，能将出土的国宝修复成最初的模样。

四羊方尊

当专家第一时间赶到四羊方尊身边，不由得眉头紧锁、愁上眉梢。四羊方尊毁坏程度非常严重，要想把它完全复原，简直比登天还难！恐怕只有请金庸笔下的易容大师出马，才能挽救这件一级国宝了。

不过再难也要试一试。多位文物修复技师通力合作，按照铜片碴口、花纹一一精心拼对、焊接，再把接口处的颜色填补完全——拼图游戏大家都玩过吧？修复师的工作相当于难度系数NO.1的拼图游戏！经过无数次大小“手术”，四羊方尊又恢复了昔日的容貌，用肉眼根本看不出破碎的痕迹。只有用科学仪器对它进行透视，才能发现一道道伤痕。

修复完全的方尊，全身遍布着鱼鳞纹、云雷纹等十余种花纹，工艺精美。其中，四角各伸出一只微微抬起的羊头，这就是“四羊方尊”名字的由来。据考古学者分析，它是用两次分铸技术铸造而成。工匠先将“羊角”单个铸好，然后配置在外范内，再用块范法整体浇注，一气呵成。四羊方尊集线雕、浮雕、圆雕于一体，展现了高超的铸造工艺，被誉为“臻于极致的青铜典范”。

羊的艺术形象，在古代生活中十分常见。新石器时代有陶塑羊，安阳殷墟妇好墓、春秋早期晋侯夫人墓有玉制羊，汉代瓦当、铜镜刻有“吉羊（祥）”的字样，东晋瓷器中有羊首壶等等，数不胜数。尤其在祭天、祭地、祭祀神灵等重大场合，必须有羊作为祭品，才算达到规格。羊羔跪乳、三阳开泰……“羊”还代表着感恩明理、吉祥如意。方尊上一口气铸了四只活灵活现的羊，怪不得它深受人们喜爱呢。

历史不说谎
——青铜利簋

月亮已经落了下去，遥远的东方，启明星正在升起。武王帐下的一名史官抬头仰望明朗的星空，兴奋地将此时此刻的星图详细记下。不远处，是纣王仅剩的十七万大军。然而，在武王和姜子牙眼里，这十七万人和麦田里待割的庄稼无异。

“等的就是这一天了……”武王深吸了一口气，对身后的姜子牙等众将领使了个眼色。姜子牙向武王作一揖，转身下令：“擂鼓！冲阵！”

鼓声响起。

低沉的鼓声像是从心底响起，一下又一下。很快，每个人的脚步从一

青铜利簋

开始的凌乱，逐渐变成同一个声音。三千将士整齐踏步前行，在这寂寥静谧的清晨听来如此震撼人心。紧跟其后，是姜子牙亲自统帅的三百兵车。车轮隆隆碾过，如同死神发出的怒吼，无情碾碎了商军最后一丝求生的勇气。只见三千人马迅速插进原本就不严整的商军布阵，似乎一块石头猛地落入潭水，在朝阳中溅起艳丽夺目的水花。整个商军布阵被瞬间打散，犹

如落水时的波纹，向四周荡漾开去……

这是电视剧《封神榜》中的一段情节，再现了商周大战时的场面。然而历史不是拍电影，而是真真切切发生过的史实。周武王灭商之战，正是历史上赫赫有名的牧野之战。武王以数万之兵，击败了几倍于己的商军数十万兵力，这次战役也成为中国战争史上的奇迹。《史记》曾提及武王伐纣一事，但克商之战的细节一直众说纷纭。根据前代文献来看，我们唯一能肯定的是战役的两位主人公——周武王和商纣王，以及战争地点位于“牧野”。至于战役细节，各种说法层出不穷，历史文献中相互矛盾的地方也不计其数。直至西周利簋重见天日，武王克商之战的真相才渐渐浮出水面。

簋是一种古代食器，用来盛装煮熟的稻、米等食物。在祭祀典礼中，它又是一种重要的礼器，和鼎配套使用。西周利簋深腹圈足，有两个兽形耳，耳下有垂珥；圈足下有方座，座上雕饰云雷纹和兽面纹；方座四隅饰蝉纹，底部铸有铭文。为了显示主人的贵族气势，方座四面还铸有饕餮纹，突睛露牙、狞厉森然。利簋是目前为止发现时代最早的西周青铜器，也是西周初年金文中叙述武王伐纣的唯一史料。这件利簋的发现弥足珍贵，为青铜器断代提供了重要依据。

按照商周的传统，出征前君王会命人预测战事凶吉。利簋底部的铭文共有4行32 字，清楚描述了武王伐纣前的占卜情况——甲子日凌晨岁星正当其位，利于征伐。战胜商朝8天后的辛未日，武王在军队驻地赏赐贵重金属铜给有功之臣“利”。于是，“利”用青铜铸造宝器，来纪念这件值得骄傲的事。

“历史不会说谎”，青铜利簋是唯一一个历史的见证者，它忠实记录下了当时的真实状况，令世人心服口服。

将军挑灯寻宝盘

——虢季子白盘

“盘”是我国商周时期流行的一种盥洗器具。西周周宣王给后人留下的虢季子白盘，长近4尺、重达400余斤，是西周青铜器中当之无愧的“老大哥”。

虢季子白盘与散氏盘、毛公鼎并称为西周三大青铜重器。它最珍贵的地方，是盘内底部中央铸有的8行111字铭文。当考古人员把铭文上的内容翻译成白话文，人们这才恍然大悟——原来，它是虢文公为自己铸造的一座“纪念奖杯”。究竟有什么事儿，值得虢季子如此高兴？

铭文中记载道，虢季子是西周周宣王统治下的一位诸侯。从“虢季子”三个字里，我们能得到关于他身世、家庭方面的一些基本信息。这位

虢季子白盘

诸侯很荣幸，在有生之年受到了周宣王的加封，赐姓为“虢”；“季”表明他在兄弟中排行老三，和季军的“季”意思相同；“子”则是古代一种流行的尊称，“老子”、“孔子”、“庄子”、“孟子”……用来表达对他人十二分的尊重和敬意。人们把象征这位诸侯王姓、排行、地位的三个字眼拼合起来，就组成了诸侯的姓“虢季子”。这位姓“虢季子”的西周贵族，名叫什么呢？他的名字简单好记，只有一个字——“白”。

“虢季子白盘”这个名字由此而来。

周宣王十二年（公元前816年），诸侯虢季子白身负宣王重托，率领大军在洛河北岸和敌人打了一场恶战。和他兵戎相见的对手不是外人，正是炎黄民族的“老冤家”犬戎族。犬戎族在中国历史上是出了名的“不好惹”，他们把凶猛的白犬视作部落图腾，部落首领猃狁更是彪悍野蛮，手下的部族各个人高马大，精于骑射。面对虎视眈眈的敌人，虢季子白毫不畏惧，打了一个漂亮的大胜仗，猃狁只得领着残兵败将四下逃窜。

听到西周军队大获全胜的好消息，宣王心花怒放、喜不自胜，立即为虢季子白举行了隆重华丽的庆功仪式。庆功宴上，周宣王亲自为立功将士接风，赏赐了不计其数的马匹、斧钺、彤弓、彤矢，予以嘉勉。周宣王的鼓励让虢季子白终身难忘，他特意命工匠铸造铜盘，以纪念这场令人骄傲的战事。

既然虢季子白盘是一件鸿器重宝，怎么又成了喂马槽？这其中还有一个“将军挑灯夜寻宝”的有趣故事。

清同治三年（公元1864年），时任直隶提督的淮军将领刘铭传，随李鸿章镇压太平军。这年初夏，刘将军率军攻取了常州城，当晚便在太平天国护王府内落脚。夜深人静的夏夜，庭院内一片万籁俱寂，刘铭传正在灯下埋头读书，忽听夜色中传来几声轻灵悦耳的金属叩击声，声音不大，却像一束强光瞬间穿透了黑暗。刘将军浑身一个激灵，立即举起蜡烛四处寻找。终于，他找到了声音的来源——是马儿吃草时，笼头上的铁环碰到马槽发出铮铮清响。刘将军俯身细看，只见马槽硕大无比，槽壁在烛光中发着深沉的幽光。伸手一探，重不可举；轻轻叩动，发声清远。刘将军心里有数，这哪里是马槽，这分明是个好宝贝啊！举世闻名的虢季子白盘就这样重现天日了。

我是一只小小鸟

——太阳神鸟金箔

有这样一则古代谜语："画时圆，写时方，东时短，夏时长。"打一位几乎每天与你碰面的老朋友。这道谜语对聪明的你来说，是不是太简单了？没错，谜底就是"日"，也就是太阳。

清晨，一轮红日喷薄而出，光芒四射；傍晚，万道夕阳坠落西山，霞光满天。太阳给人类带来了光明，哺育着万物成长。因此古人对它的崇拜程度，比今天任何一位大明星的忠实"粉丝"都狂热！但限于远古时代的科学水平，人们还不能正确认识、了解太阳，只得将它神秘化，甚至把太阳视为众神之主。世界上最早开采使用黄金的古蜀人，留下一片精美绝伦的太阳神鸟金箔饰，内径5.29厘米，厚 0.02厘米，向我们透露了有关太阳的神话故事。

传说，太阳住在遥远的东海尽头。越过烟波浩渺的海水，有一处叫做"汤谷"的无人秘境。那里，生长着一株"扶桑"神树——它就是太阳栖息的"家"。每天，太阳会从东方的"扶桑"树上升起，在西方另一株参天神树"若木"上落脚。东升西落，太阳也在天空中不停奔走。根据这个传说，工匠利用娴熟精湛的锤揲与切割技术，将金箔上的太阳化成一个旋转的火球。你数数看，它一共放射出多少道光芒？1、2、3……一共12道！古蜀人已经懂得把一年分成12个月，而且有了春夏秋冬的四

太阳神鸟金箔

季划分。

太阳身边还盘旋着四只首位相连的神鸟，引颈展翅，逆向而行。这队“神鸟组合”可是太阳的好搭档！古人认为，太阳没有飞行能力，每天必须搭乘“固定航班”巡行天空。那么，“航班”飞行员是哪位呢？有人说“金乌西坠，玉兔东升”，神鸟应是传说中的三足“金乌”。也有人说神鸟名叫“太阳鸟”，和中国南方的一种留鸟同名，它个头瘦小灵活，羽毛鲜艳耀眼，被古蜀先民尊为太阳神。为此，古人争论不休，众说纷纭。

事实上现代科学告诉我们，太阳的表面温度高达摄氏6000℃左右，哪只胆大包天的鸟儿敢靠近它？可咱们的祖先却一口咬定，有只鸟儿在背着太阳飞行！原来，太阳内部的物质不断进行着剧烈运动，有时候还会在表面刮起一股强烈的“风暴”。由于“风暴”的温度比它附近的温度要低，因此“风暴”地区的太阳光芒就显得幽暗一些，而且幽暗的形状、存在时间都各不相同。或者几天，或者几个月，甚至一年，天文学家把这种现象称为“太阳黑子”。

这天，我们的祖先仰望太阳的时候，惊讶地发现太阳上面莫名其妙地黑了一大块。仔细辨认，那块黑乎乎的斑点像是一只翱翔的飞鸟，于是太阳和飞鸟的友谊便流传开来。古人还把这件事记入了史书、画入了帛画，西汉马王堆墓中出土了一幅丝织帛画，画中的太阳中间就侧立着一只全身乌黑的三足鸟。

风萧萧兮剑气寒

——越王勾践剑

2500多年前，杰出的铸剑能手欧冶子望着手中的青铜宝剑，像是捧着全世界最宝贵的财富。他嘴角带着一丝微笑，眼中却泛着闪闪泪光。这把剑是越王勾践剑。

公元前473年，越王勾践提剑发兵，吴王夫差含恨自刎，越国一雪前耻。这把剑是越王勾践剑。

1965年湖北省江陵望山楚墓，考古人员在挖掘过程中，发现了一柄沾满泥土的古剑。拔剑出鞘，寒光耀眼。剑锋轻轻带过，竟然瞬间划透了二十张厚厚的复印纸——这把剑还是越王勾践剑。越王勾践剑一经发现，立即轰动了全国。

越王勾践的故事，想必大家都耳熟能详了吧？烟雨江南，吴越之地，自古便是剑气纵横之所在。为了振兴战败的越国，勾践想尽办法和吴王夫差斗智斗勇，终于重振雄风、大败吴国，成为春秋时期一位赫赫有名的霸主。“吴越争霸”大大促进了兵器铸造业的发展，欧冶子、干将、莫邪等铸剑能手层出不穷。当时，一把上等的青铜宝剑甚至威震诸侯、千金难求，美名更为后人仰慕。“天下第一剑”，也由此应运而生。

越王勾践剑

你看，勾践剑剑身呈紫黄色，布满了黑色的菱形纹饰。剑面锃光闪亮，丝毫没有一点锈迹，光泽如同新铸成的一般。在剑柄与剑刃相接的地方，正面用蓝色琉璃、背面用绿松石，镶嵌成精美大方的花纹。仔细观察，在剑身靠近把手的部位，还有两行鸟篆体错金铭文：“越王勾践，自乍甬剑。”字体大小一致、线条优美，古人的错金工艺和书法技巧真是令人咂舌！这把青铜宝剑穿越了2500年的时空重现人间，剑身却丝毫不见锈斑，光泽如新。古人究竟在剑身上使了什么神秘的魔法?

经过研究，专家们得出了种种结论。有人认为，“千年不锈”是因为剑的材质与众不同。青铜器的主要成分是铜，《周礼·考工记》上曾记载：越王勾践剑的含铜量约为80%~83%。而铜是一种不活泼的金属，因此在常温下不容易生锈。也有人认为，“千年不锈”是因为剑身经过了防腐处理。春秋时代的人们已经掌握了金属铬盐处理技术，只要在剑身表面镀上一层极薄的铬，就能保护古剑至今如新，锋芒逼人。还有学者认为，“千年不锈”在于保存环境的优异。勾践剑出土于湖北省江陵望山楚墓。这座墓室葬深埋在数米的地下，好像一个密闭的密室，隔绝了与外界的空气交换。而且，这里还长期浸泡着地下水，室内空气含量更少，有利于金属物品的保存。

一柄精美锋利的古剑，一位赫赫有名的英雄，一段令人难忘的历史。我们仿佛又穿越时空，回到了昔日吴越争霸的战场，目睹金戈铁马的叱咤，经历血雨腥风的厮杀。明枪暗箭纷纷如雨，“天下第一剑”伴随着主人纵横沙场、雄霸天下。剑身上下大大小小的磨损，正是它在戎马岁月里光辉与荣耀的见证。

但历史的车轮流转飞快，越王勾践称霸后，逐范蠡、杀文仲，霸业也没能持续多久。勾践剑连同千年不朽的秘密，最终都被湮灭在历史的烟尘中。

来自地下的交响乐团

——曾侯乙编钟

从它的名字我们可以得知——这是一位名叫曾侯乙的人的编钟，属于曾侯乙的个人财产。那么，“曾侯乙”又是何许人也?

在连年混战的战国时期，下层老百姓生活十分艰难，整日担心冬天有没有御寒的衣服，第二天能不能填饱肚皮，下一秒会不会遭受战乱牵连，日子过得朝不保夕。但这位曾侯乙就不同了，同是生活在战国时期，但他的日子过得潇洒自在，不仅吃得饱穿得暖，而且还追求起高品质的精神享受。当考古学家打开曾侯乙的墓葬，顿时就被惊呆了！这位仁兄的墓葬规模堪称五星级超豪华水平！仅仅乐器一项，就令人瞠目结舌。

曾侯乙编钟

原来，这位仁兄是战国时期的一位诸侯。因为他姓“乙”，又是曾国（今天湖北省随县、枣阳一带）人，所以人们尊称他为曾侯乙。在曾侯乙巨大的坟墓里，专设有一个墓室陪葬乐器，相当于我们今天的“演奏器材室”。这些乐器五花八门，包括琴、筝、瑟、笙、悬鼓、五弦、编磬、建鼓、排箫、抱鼓……如果一口气数出来，没点肺活量可不行。在这个地下

"超级乐团"里，最令人们震惊的就是堪称"国之瑰宝"的曾侯乙编钟。

曾侯乙编钟体型庞大，钟架长7.48米、宽3.35米、高2.73米，就连见多识广的考古人员也吓了一跳！仔细数了数，一共有65枚钟，总重量达5000多公斤！这么个大家伙，要多少位大力士才能搬得动它啊！不用担心，古人想得周到极了——编钟能分解成245个构件，随时随地拆装组合。这下好了，无论曾侯乙走到哪里，都能听到自己喜爱的音乐了。

大小不一、造型精美的曾侯乙编钟全部由青铜铸造而成，依次列在曲尺桐木结构的钟架上，上下共排满了三层。每件钟体的正面被精心镌刻上金篆体铭文，详细记载了编钟的乐律，并注明是"曾侯乙乍时"（曾侯乙作）。可见，这位诸侯大人对音律的了解真是非同小可！

考古专家通过释读和研究，终于明白了春秋时期钟律的情况。编钟是一种历史悠久的打击乐器。它将乐钟依大小和音高次序编组，悬挂在钟架上，用木槌锤击演奏。曾侯乙编钟以大小和音高为序编成八组，总音域有五个八度，仅次于现代的钢琴。如果三五个人配合击打，不仅可以演奏优美动听的旋律，还可以演奏气势磅礴的和声呢！为了达到令人赞叹的音响效果，铸钟工匠成百上千次耐心锉磨、试听、调音，完全依靠最简单的定音器——人耳，创造出了大气恢弘的"楚声韶乐"。

虽然曾侯乙编钟在地下埋藏了2400多年，但性能依然良好。用它来重新演绎古今中外的著名乐曲，不仅音律准确，而且音色优美、音域宽广，别有一番韵味。古代劳动人民用无尽的智慧，为我们创造了极为珍贵的艺术财富。

冰火两重天

——曾侯乙铜冰鉴

你家有既能冷藏，又能加热的两用“怪怪箱”吗？在古代的一个大户人家里，就有这么神奇的玩意儿。

单看外表模样，铜冰鉴只是一个普普通通的长方形青铜箱子，长和宽都是76厘米，高只有63厘米，个头只及今天的冰箱一半左右。打开盖顶，冰鉴正中露出一个方口的铜壶，好似家里盛装热水的保温瓶。保温瓶的结构大家都很了解吧？外层有一个装饰性的外壳，里层有一个保温的内胆；外壳保护着内胆不被碰坏，内胆则让盛装的热水保持热气腾腾的状态。铜冰鉴也是如此，它像个保温瓶一样有外壳、有内胆，而且外壳和内胆隔着相当一段距离，中间留下了很大的空间，形状像个中空的“回”。为什么

曾侯乙铜冰鉴

要留出这么宽敞的空间呢？

在我国古代，人们就已经发明了食物防腐保鲜的办法。《诗经》中就有奴隶在冬日凿冰储藏，供贵族们夏季饮用的记载。古籍《周礼》记载“祭祀共冰鉴”，古人把冰块保存起来，在炎热的夏天再取出来放置在铜

冰鉴的夹层中。这样一来，食物或美酒就好像放在凉丝丝的冰块中间，能起到很好的保鲜、降温作用。等到大雪纷飞的冬季来临，古人再把冰块换成红彤彤的炭火，将铜冰鉴改造成温暖的烤炉。只要把食物和酒放在炉子里，炭火就会一直帮食物加热、暖酒，品尝起来十分舒适。

不过，咱们的保温瓶为了延长保温时间，还有一定的防护措施——用软木塞将瓶口塞起来，热气就别想找缝隙溜出去。铜冰鉴也有自己延长保温时间的好办法！它正中的方壶同样有个小方盖，严密厚实，盖上去以后热气很难溜走。铜冰鉴的外盖上有个大小合适的大方孔，盖上去刚好套住内部方壶的口沿，把方壶固定得纹丝不动。方壶有了铜盖和方孔的双重固定，基本上不会发生倾倒事故。古代人民考虑得多么细致周到啊，把一切可能发生的意外都想到了！

有句话叫做用得放心，看得舒心。铜冰鉴多功能、实用性的确没话说，但它的外观如何呢？简单点形容它，只有四个字——巧夺天工。铜冰鉴的四个脚，是四只栩栩如生、稳健有力的小兽。四个龙头齐齐向外伸张，尾巴弯弯地卷在身后，屁股和两条后腿统统坐在地上，看它们那副龇牙咧嘴的表情，好像正努力使出全身的劲儿。原来，四只小兽在齐心协力向上支撑起铜冰鉴的重量，难怪连屁股都贴到地面了。铜冰鉴四面共有八条小龙，拱曲着身子攀伏在铜壁上，似乎正在休息，又像在积蓄精神一飞冲天。这些小龙可不仅仅是为了美观而设计的，而是人们搬运时使用的抓手。怎么样，设计是不是很新颖？

曾侯乙铜冰鉴构思精巧、方便实用，是迄今为止全世界最早、最原始的绿色冰箱，也是目前已知的部分采用“失蜡法”铸造的青铜器典范。

暗藏玄机的水陆通行证

——错金鄂君启节

楚怀王六年，鄂君府。

家奴们正在大院内外不停地忙碌，将如山的货物装运上车。主人鄂君启在一旁等候着，只要装备停当，他就可以带着货队启程了。沿途要经过多个关卡，交税、商队车马安顿等事宜都压在鄂君的身上，每次都令他疲惫不堪。

好在日后不用担心这些琐事了。楚怀王刚刚赐封给鄂君启五件金节，其中有“车节”3件、“舟节”2件。行商持此节者，一路畅通无阻，不仅能免税通行，商队上下还能享受好酒美食的丰盛款待。

“今后的商贸之旅，一定能免去不少劳苦吧！”想到这里，鄂君启长舒了一口气。他哪里知道，在这些金节背后，还暗藏着一个更大的玄机……

自古以来，“剖物为信”就是一种广为流传的信用制度。出土于安徽寿县的鄂君启节，是中国最早的通行证雏形。3件车节为陆路通行证，每节长29.6厘米；2件舟节为水路通行证，每节长31厘米。虽然是青铜质地，但仍然被铸成竹节形状，每5件可以合成一个完整的翠“竹筒”。

错金鄂君启节

“节”作为凭信物，比“符”、“牌”历史更为悠久。从商代开始，中国就有了关检机构。春秋战国时期，人们已经用“节”证明自己的身份。西汉时期，“节”演变成了一柄缀有旄毛的长杆，苏武受汉武帝之托出使匈奴，手中就持有一根“节”。但时间一久，这种通行证的质量很难保障。苏武不愿投降，被匈奴囚禁了19年。当他再度返回长安时，“节”上的旌毛都已掉光，只剩下一根光秃秃的长杆了。

延续到唐代，长途旅行时必须持有官府颁发的通行证。玄奘和尚从印度取经归来，因为申请不到证件，又不敢私自偷渡，只好在边境滞留了3年。直到明代，通行证才被称为路照，形式已经与今天的护照非常接近。

公元前323年，是历史上的战国中晚期。天下一分为六，其中楚国物产丰富，商业活跃，交通十分发达。这一天，楚国国君楚怀王召见了自己的弟弟“启”。他示意随从宣读诏书，封启为“鄂君”。“鄂”为当时的地名，指今天湖北省的鄂城县，“鄂君”是对鄂城一带封君的称呼。接着，楚怀王又命人端出一个大盘子，里面赫然放着5个竹筒形的青铜竹节。启谢过怀王，满心欢喜地离去，这才有了文章开头的那一幕。

青铜竹节真的是怀王对启的恩惠吗？其实不然。在节的错金铭文里，加注了一系列严苛的规定：货船不能多于150艘，车辆不能多于50辆，货物贩运时间以一年为限，严禁私运武器、青铜和皮革等战略物资。并且明文规定，鄂君启的运货路线必须经水路，从湖北鄂城县出发，穿过长江和鄱阳湖，最后到达安徽枞阳县。怀王正是假借“恩惠”之名，限制和掌控封王势力，这在中国古代社会已经司空见惯。

时至今日，历经2000多年的鄂君启节，依然散发着迷人而古朴的光芒。镌刻其上的铭文，为人们研究楚国的经济、税务制度提供了翔实的资料，是极为珍贵的国宝。

天外有飞仙
——湖北江陵望山楚墓漆器群

2300多年前楚国的一位漆器工匠，先用木头精心雕刻出一定的艺术造型，再用醒目瑰丽的彩漆细致描绘，终于完成了一件令他满意的漆器。他欣慰地打量着自己的杰作，深深地松了口气：总算可以向大王复命了！

楚国是一块充满奇异色彩的土地。我国今天的湖北、湖南和河南的部分地区，在战国时期都是楚人的领地。每隔一段时间，全国上下就会举行一次盛大的祭祀、祈福仪式。楚王下令，让工匠们建造祭祀用的木鼓、鼓架。在制作之前，楚王提出了一个要求：一定要在器物上体现出神鸟凤凰不畏强敌，带领楚人百战百胜的主题。

和楚国相邻的四川地区住着巴人，是楚人的死对头。很久以前，凶悍的巴人就经常欺负温和的楚人，带来了很大的安全隐患。一直到2300年前，楚人才渐渐强大起来，一口气打败巴人。这件事让楚王欣喜若狂，他一定想把楚人的胜利记录下来，永远地留给后人。工匠们对楚王的意思心领神会，立即开工忙活起来。

说起来容易做起来难。如何描述楚人的胜利呢？工匠们尝试了各种办法。漆器是战国时代典型的楚式风格，因此有的提议在漆器上雕刻文字，记录战争的经过；有的提议采用雕花，绘出战争胜利的场面……可结果总不尽如人意。忽然，有位工匠灵机一动，想到了一个巧妙的办法——楚人一直崇拜神鸟凤凰，他们认为凤凰代表美好、正直和坚韧不屈。而巴人崇拜老虎，认为老虎可以征服万物，是力量的象征。不如这

虎座双鸟鼓架

样……

楚王最终看到的木鼓，是一个1.62米的大个子。仔细看那鼓架，竟是四只神兽相互拼接着组成！巴人崇拜的老虎，正乖乖趴在神鸟凤凰的脚下，心甘情愿当凤凰的垫脚石。

漆凤鸟羽人

除了虎座双鸟鼓架，在湖北荆州还出土了一件更加奇异的楚国漆器。只见一个人立在一只硕大的蟾蜍背上，一只脚还踏着凤凰的脑袋，昂首挺胸，似乎在等待着什么的到来。他和我们一样有胳膊、手掌、鼻子、眼睛，但肚脐以下的身体就和常人不同了——长着鸟类的尾巴和爪子，腿上还依稀可以分辨出羽毛的鳞状花纹！他究竟是天使，还是雷震子？人们对“羽人”奇特的相貌产生了极大的兴趣。

其实，羽人在大诗人屈原的作品里早已露过脸。屈原在《楚辞·远游》一文中写道：“仍羽人于丹丘（昼夜常明的地方）兮，留不死之旧乡（神灵的居所）。”

羽人被古人看做天上的神灵，而蟾蜍代表了月亮之精华，凤凰则是飞翔于天地之间的神鸟。当羽人、蟾蜍、凤凰三者合一，就能遨游九天、生死无惧，这是古人对生命永恒的美好愿望。

羽人是古代巫文化中的明星，他不像西方的天使长着一对雪白梦幻的美丽翅膀，出场前总搭配着阳光、白云等特效，营造一片浪漫气息。在中国神话中，羽人同时具有人与鸟的特征，造型怪异奇特，每次露面都伴随电闪雷鸣，黑云滚滚，十分骇人。发展到汉代，羽人干脆并入仙人一类，成为长生不老的代言明星。在古代大量绘画和雕刻中，羽人往往会立在西王母和东王公的身旁，地位身份可想而知。羽化升仙这一成语，也成为了形容成仙得道的专用术语。

向往遨游天宇、探索未知世界的浪漫楚人，用无拘无束的创造力，给后人留下了这件美丽的漆器和无尽的遐思。

做游戏，找不同

——青铜莲荷方壶

在日常生活或电视电影中，我们时常会看见双胞胎兄弟姐妹。如果长得太像，人们很难分辨出他们其中哪一个是哥哥，哪一个是弟弟；或者哪一位是姐姐，哪一位是妹妹。一模一样的鼻子、嘴巴、动作、神态……甚至连自己的爸爸妈妈，偶尔都会弄混淆。下面介绍的便是一对特殊的双胞胎。怎么个特殊法呢?

它们的名字叫做“青铜莲鹤方壶”，是一对已有2600多年历史的青铜双胞胎。你发现没有，在此前登场的青铜器都是唯一一件，绝对没有重样。为啥古人一次只铸造一件青铜器？这可不能埋怨古人抠门或者偷懒，古代工匠在铸造青铜器之前，都必须先用泥土制作一件铸造“模器”，相当于浇铸的“外范”和“内范”。工匠把内外两范合拢注入铜水，当滚烫的铜水完全冷却，便可以打开模具取出完工的青铜器了。那外面的泥模呢？它已经完成自己的光荣使命，可以功成身退啦！所以每件泥模都是一次性的，一旦青铜器出炉，模具就不能再次使用了。然而，青铜双胞胎的出世，着实让人们大开了眼界。

青铜莲鹤方壶

原来，工匠同时铸造了两个一模一样的泥模，这才有了一对珍贵的青铜莲鹤方壶。拿着放大镜，瞪大眼睛仔细比较，你会发现莲鹤方壶小哥俩仍有一些细微的差别，例如其中一个体型稍胖、下巴更尖，另一个笑起来喜欢把眼睛眯成一条缝……总之，小哥俩并不完全相同。这就对了，全世界有分毫不差的双胞胎吗？当然没有。所以咱们不能对工匠师傅的手艺过于苛求，毕竟人家是用手工一点点捏制出来的，已经相当完美了。

小哥俩的相貌真是帅气到没话说，都英俊潇洒、仪表堂堂。它们头戴一顶特殊的“发冠”，“发冠”的造型是一只展翅欲飞的立鹤。立鹤伸着细长的脖颈，微微舒展双翼，嘴巴一张一合，似乎高声鸣叫着准备腾空而起。“发冠”四周犹如一朵盛开的青莲，自然形成了方壶的铜盖。壶身更加气势磅礴，八条形态各异、大小不等的双翼青龙正攀着壶壁向上飞升，其中两只身体拱起，变成了方壶的双耳。壶壁上还缠满了弯弯曲曲、互相缠绕的龙形花纹，不过它们都只长着一条腿。人们把这种龙叫做“夔龙”，是古代传说中一条腿的怪物音乐家。

当小哥俩刚从河北中山王墓中出土的时候，两个铜壶的口被蜡密封得严严实实。人们一打开铜盖，一股浓郁的玫瑰香扑鼻而来。经过考古人员的化验，莲鹤方壶内装的是货真价实的千年佳酿，怪不得酒香醉人！

赫赫强秦，威武之师

——铠甲武士陶俑

据史书记载，秦始皇嬴政从13岁即位起，就开始营建陵园。由丞相李斯规划设计，大将章邯监督进度，修筑时间长达38年。秦陵工程之浩大、气魄之宏伟，创历代封建统治者奢侈厚葬之先例。秦始皇兵马俑坑是秦始皇陵的陪葬坑，位于陵园东侧1500米处，堪称世界最大的一座"地下军事博物馆"。经过考古工作者发掘，埋葬于地下两千多年前的秦俑宝藏终于重见天日。

置身秦俑之间，人们会不由自主地发出阵阵惊叹。眼前没有两方交战、激烈厮杀的场景，也没有修整部队、屯兵防守的画面。古人巧妙地捕捉了三军将士整装待发的一瞬间，用泥质灰陶塑造了千姿百态的艺术形象。

秦国统一六国后，实行全国征兵制，因此部队汇聚了五湖四海的将士们。人们阅读着每个陶俑士兵的神态，猜测他们当时的心情：有的横眉立

跪射俑

将军俑

目，眉间的肌肉拧成疙瘩，似乎有过人的勇气；有的浓眉大眼，宽厚的嘴唇抿成一条线，显得憨厚纯朴；有的五官清秀，头微微低垂着，透着一股腼腆青涩……一匹匹陶马更是膘肥体壮，张鼻嘶鸣，随时准备驰骋疆场。其中，将军俑、跪射俑、下级官吏俑和战马俑，是秦始皇陵兵马俑的代表作品。

秦代将军头戴鹖冠，身披鱼鳞铠甲，胸前、身后、双肩分别装饰有三朵花结，一副威风凛凛的大将风范。“鹖”为一种雉鸟，生来脾气暴躁好

秦俑墓葬坑

斗。打起架来，不分出胜负决不罢休。古人用倔强的它，来象征将士的英勇不屈。跪射俑张弓搭箭，虎视眈眈地望着敌人，审视对方的一举一动。他的姿势表现了古代“支左拙右”的善射之法，与现在小口径步枪无依托的跪射姿势不谋而合。瞧他聚精会神的模样，咱们可要轻手轻脚地经过哦！万一被当成箭下的靶子，可就小命难保了。队伍中的下级官吏和武士外罩披膊铠甲，手持兵器，正等待将军一声令下，上阵杀敌。8000多位陶

俑齐心协力地再现了秦始皇一统六国时，指挥千军万马冲锋陷阵的壮观场面。

“岂曰无衣，与子同袍，王于兴师，修我戈矛，与子同仇！”这是一支战无不胜的军队，黑衣如铁，迅捷如风；他们是一群热血沸腾的男儿，就连壮行军歌都那样慷慨激昂、气壮山河。“静极则生动，愈静则愈动”，栩栩如生的秦陵兵马俑，为中国历史留下了震撼人心的一笔。

你会不会猜想，秦俑们真的只是一堆泥巴人吗？他们的每个动作、每个神态，都栩栩如生、活灵活现，似乎下一秒就能呼吸，就有心跳。自从被埋入黑暗死寂的地下，兵马俑便开始默默守护一个帝王的梦想。直到无意间被打井人挖出，他们才看到了两千年后的天空。时空变换，生死茫茫，天地已经完全变了模样。尽管泱泱大秦早已不在，但他们却无意间成就了历史的传奇。

下级官吏俑和战马俑

千军万马来相见

——阳陵铜虎符

小小的铜老虎，不论个头还是气势，都离真老虎差个十万八千里。就凭它，恐怕连幼儿园的小朋友也吓唬不住。不过，千万不要小看了它！如果铜老虎一发怒，攒足劲头虎啸几声，哪怕面临的是千军万马，也会立刻鸦雀无声。大伙都乖乖看着铜老虎的眼色行事，它的老虎尾巴向右一甩，众人绝对不敢向左；向左一指，大伙绝不敢向右。简直比遥控器还好使！

这只小老虎怎么这么神通广大？瞧瞧它的主人是谁，你就会恍然大悟。铜老虎名叫“虎符”，是一种古代的传统信物。在我国古代，各国诸侯国之间的战争非常频繁，“兵不厌诈”是古代军事家最常挂在嘴边的一

阳陵错金铜虎符

句名言。为了防止被别有用心者利用，人们发明了调动军队的凭证——“兵符”。

传说，“符”的创始人是曾在渭水边垂钓的姜太公。他辅佐周文王攻打天下时，在一次战斗中被敌军围困。周军无法突围，粮尽兵乏，眼看就

要落败。情急之下，姜子牙派信使向文王搬救兵。可空口无凭，如何让文王相信这名从未谋面的小信使？他思量片刻，取出钓竿折成数节，以一节代表一事，让信使一一记下。信使面见文王后，将事情一节节复述出来。文王把竹节合起验看，果然是姜子牙的钓鱼竿，立刻发兵救援。

“符”大多用青铜铸造，做成的形状是什么动物，便以什么动物的名字命名。在北京故宫博物院内，还收藏有一件战国时期的珍贵鹰符。阳陵兵符的外形是一只蓄势待发的老虎，因此人们称它为虎符。兵符在战国、秦汉时期十分流行，而且一地一符、专符专用，一件兵符不能同时调动两处军队。唐宋时期，兵符的款式大大增加，出现了鱼、龟等形状；符的材质也五花八门，除了传统的铜质，还增加了竹、木、金、玉等材料。究竟这个地方对应哪种造型和材质的兵符，全凭皇帝的心情了。

将兵符制成猛虎的形状，还有一定的象征意义。老虎被誉为“兽中之王”，筋肉强健、行动迅捷。古人将它视作勇猛善战的代表，称勇士为“虎夫”，称军帐为“虎帐”，称战旗为“虎旌”，称勇武之臣为“虎将”，称骁勇之军为“虎骑”，甚至一些将军的名号也以虎为名。因此，统治者希望将士们见符如见君，行动如猛虎下山，出击如饿虎扑食，方能克敌制胜、战无不克。

虎符由左右两半组成，各自的铭文完全相同。右边的一半交给皇上保存，左边的另一半交给统领军队的将领。调动军队时，必须由君主或者皇帝派出的使臣拿出兵符，与将军的兵符相拼合。如果兵符能合二为一，便证明使臣所说的话的确来自皇帝的谕旨，军队才能得以调动。阳陵虎符左、右颈背的地方，也各有内容、写法完全相同的错金篆书铭文12字：“甲兵之符，右在皇帝，左在阳陵。”

看似牢不可破的兵符制度，是不是百分百可靠呢？当然不是！遇上机智狡猾的对手，铜老虎也有“打盹”的时候。战国时期著名的典故“窃符救赵”，正是魏国义士信陵君钻了虎符的空子，假借魏王口谕调兵遣将、攻打秦军，解救了邯郸之围。

时尚家居，皇家最爱

——铜雁鱼灯

你留意过身边的灯吗？白天，灯只是一个普通的摆设，黯淡没有生命；夜晚，它化身为光明的使者，灿烂而温暖人心。

远古时期，人类已经懂得使用自然之火来御寒、烧烤和照明。三千多年前，人类开始使用简单灯具承载火烛，书写文明。在灯下，人们挑灯夜读、缝衣纺线、为文作画……然而，以植物油为燃料的照明灯，曾让古时的读书人伤透了脑筋。

桌上那盏昏黄的油灯，在黑暗里绽放着微弱的光，稍稍一点风吹草动就可能让它熄灭。看书的时候，离灯远了，不使劲瞪大双眼，根本看不清书上的字；凑得近了，油灯冒出的黑烟呛得人直咳嗽，一不留神还能熏出个“熊猫眼”和“大花脸”。这就是古代文人秉烛夜读时的苦恼。

读书读得如此狼狈，实在有损读书人的高雅形象。学子们都呼吁，如果还想让我们专心读圣贤书，就赶紧设计一盏健康低碳的环保灯吧！

铜雁鱼灯

心灵手巧的古代工匠，立即设计出了满足人们需要的无烟灯具——铜雁鱼灯。铜雁鱼灯高53厘米，出土于陕西省神木县店塔村，也有人叫它“鹅鱼灯”。远看它就像是一幅凝固的青铜画，生动传神地描绘了大自然中飞鸟捕鱼的场景：一只体形丰满、双眼圆睁、两腿直立的大雁，刚从水中叼住一条肥美的大鱼，转头洋洋得意地向同伴炫耀。大雁和鱼呈现出完美的比例，就连鱼的鳞片、雁的羽毛都被勾画得栩栩如生。

铜雁鱼灯共由雁颈、雁体、灯、灯

罩四部分套合而成，方便拆洗和组装。大雁颈部修长，颈体连通中空，是导烟的通路；身两侧铸出羽翼，双足并立，器形稳定；转动灯盘的手柄，还能调节灯的亮度。但是，最巧妙的设计莫过于镂空的鱼、雁身体。

时尚家居，皇家最爱——铜雁鱼灯

原来，灯罩通过鱼和大雁连成了一个完整的通道，有了这个通道，烟尘就不会随意飘散。点灯之前，先给大雁的肚子里装进一些水。油脂点燃后，油烟就会被灯罩飞环形通道挡住，只能向上进入鱼的体腔，再经过大雁的口腔、脖颈，乖乖溶进大雁肚里的水中。这样一来，不仅灯更亮，而且油烟还不会在室内散发，杜绝了污染。

为什么要采用飞雁衔鱼的形象呢？鱼是中国传统的吉祥物，代表年年有余，富足丰裕；雁是一种古代新鸟，多用于缔结婚姻的纳彩或大夫相见的礼品。因此它一出现，立即成为汉朝极受欢迎的时尚家居。繁星点点，那是先人用智慧点亮的灯火。熄灭与点亮之间，已经照亮了我们心灵的斗室。

人面不知何处去，玉衣依旧笑“春秋”

——金缕玉衣

见过布衣、毛衣、皮衣……可你见过玉片成布、金线为丝的金缕玉衣吗？这么贵重的材料，未免太浪费了。但偏偏有人把一件货真价实的金缕玉衣穿在了身上，而且一穿就是几千年。

西汉一位名叫刘胜的诸侯王，是西汉第四代皇帝汉景帝的小儿子。熟悉《三国演义》的人都知道，历史上有位爱哭鼻子、宅心仁厚的刘皇叔刘备。刘胜正是刘备的曾、曾、曾……爷爷，绝对算得上是一位历史名人了。刘胜的墓葬被发现的时候，他和他的夫人窦绾都穿着一套巧夺天工的金缕玉衣。

金缕玉衣和咱们今天的服饰差不多，分为面罩、上衣、裤子、手套和鞋五个部分。一套玉衣要耗费多少块玉片？这要根据穿着者的身材而定了。窦绾的身材纤细瘦小，而刘胜的体型高大富态，因此玉衣的尺寸比夫人大了好几号。仔细观察，玉衣上的每块玉片都经过精心打磨，厚薄均匀、温润平滑。而且，它们的大小、形状不完全相同。为了符合人体各个部位的特征，这些玉片大部分是长方形、正方形，还有少数是三角形、半月形和梯形，能够把人体各个部位完好地保护起来。

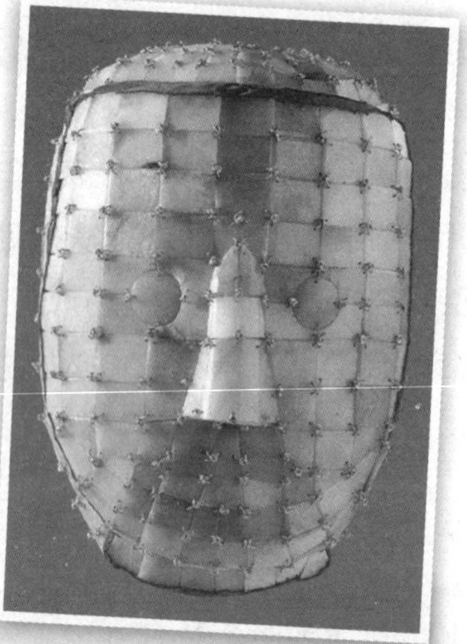

金缕玉衣——面部

在制作金缕玉衣前，人们需要先从玉石产地千里迢迢运来玉料，经过复杂的工艺，把玉料加工成一定大小和形状的玉片，并将每片玉片磨光、穿孔。然后再用大量金线、银线、铜线或者丝线，从每一块玉片的穿孔中穿过，把上千块玉片连成袖筒、裤腿、头罩和手套等等。刘胜的玉衣从头到脚长达188厘米，共使用了2498块玉片，1100克黄金丝线！为了让玉衣更加平整牢固，每块玉片的四周又用丝绸细心粘贴、加固。据专家分析，一位熟练的玉石工人至少要花费10年时间，才能制成一套精美的金缕玉衣。而完成一件玉衣所需的费用，几乎等于汉代100户普通百姓的家产总和，相当惊人。

这身华贵奢美的行头，分量自然也不轻。穿上它的人一定寸步难行吧？其实，金缕玉衣是给已故的皇帝贵族、诸侯王室穿着的高级殓服。西汉初年玉衣正式启用，当时称为“玉匣”或“玉柙”，东汉时期还形成了严格的使用制度。据《后汉书·礼仪志下》记载：东汉皇帝死后使用金缕玉衣；诸侯王、列侯、始封贵人、公主使用银缕玉衣；大贵人、长公主使用铜缕玉衣。然而，玉衣的制作太过艰难、耗资巨大，并引来了无数盗墓者，沦为一项劳民伤财的“面子工程”。因此到了三国时期，魏文帝曹丕下令，禁止再用玉衣陪葬。

金缕玉衣——头部

汉代皇室迷信“金玉护九窍”。认为人在过世以后，只要穿上玉制衣服，尸骨就能永久保存下来，一万年也不会腐烂枯朽。那么，事实是否和古人的想法吻合呢？当考古人员清理玉衣时，发现内部早已空空如也，仅剩下主人遗留的几颗碎牙齿了。

倾听，鼓韵人生

——击鼓说唱陶俑

“笑一笑，十年少。”笑，不仅有利于人的身心健康，有时候甚至能达到延年益寿的神奇功效。

你可别不信，下面介绍的这位仁兄，从2000年前直到今天始终都保持着满脸的笑模样。他实在是太开心了，眼睛眯成了一条弯月似的细缝，额头上皱起了深深的笑纹，连脚都高高翘到半空——这张神采飞扬的笑脸，让每个见到他的人都不由自主地快乐起来。

这位老兄为什么这么开心呢?

原来，他是东汉时期一位击鼓说唱的滑稽艺人。汉代民间非常盛行说唱表演，最热闹欢乐的就属滑稽戏了。你看，滑稽艺人袒胸露腹，长裤赤足，左臂挟着一面小圆鼓，右手扬起鼓槌准备击打节拍，正表演得卖力十足。演员的胳膊上还套着一串骨头片，随着胳膊用力晃动，发出哗啦哗啦的悦耳音律。骨头片击打的节奏和阵阵鼓声相互配合，好似一队热闹非凡的“击打乐”。

击鼓说唱陶俑

说唱艺人的拿手好戏远不止这么点！夸张的动作和诙谐的神态，是说唱艺人赢得笑声的“秘密武器”。只见他故意不停地抻脖、含胸、鼓腹、抬腿、扮鬼脸，手舞足蹈地使出浑身解数，很快把整场演出推向了最高潮。兴致勃勃的观众们各个笑得前仰后合，台上台下一片欢乐……多么激动人心的画面!

掌声、笑声接连不断，引起了一位民间雕塑艺人的注意。滑稽演员的精彩演出，让他脑海中灵光一闪——他立即拿起竹刀和泥巴，创作了这件富有浓厚民间气息和地方风貌的陶俑作品，把时间定格在了最美好的一刻。

中国民间说唱艺术源远流长。从汉代的“俳优”、唐代“传奇”，到宋代的“勾栏瓦肆”等等，民间曲艺传承着中华民族的艺术魅力。“俳优”又称谐戏，最早源于春秋时期的楚国，汉代时演变为集说唱、表演、舞蹈“多合一”的艺术。击鼓说唱陶俑正是汉代“俳优”的典型形象。

“俳优”们通常个头不高、身材短胖，长相让人看一眼就想发笑。表演开始，他们会拿起铜板、大鼓，或载歌载舞，或自弹自唱，做出各种令人捧腹的表演，类似喜剧中的小丑。因为家境贫寒、地位低贱，俳优们才不得已以卖艺为生。虽然他们整日面带笑容、尽情耍乐，但内心可能已经疲惫不堪了。这尊活灵活现的陶像，带我们重回汉代真实的社会生活。

俑在汉代雕塑中有着十分重要的地位，题材广泛，内容丰富。从车马出行到侍卫家奴，从庖厨宴饮到百戏歌舞，几乎无所不包。击鼓说唱陶俑以生动传神的造型、夸张虚拟的技巧，被专家列为“汉代第一俑”。虽然我们已听不见说唱的内容，感受不到击鼓的节拍，但这位热情乐观的民间艺术家，已经不知不觉把欢乐传递给了每一位旁观者。这其中，有你，也有我。

“腹中”有墨，下笔千言

——安徽歙砚

人们习惯把笔、墨、纸、砚称为“文房四宝”。砚用来磨墨，古人在作文写字前，必须先取出砚台倒入清水，细细研磨一番。在几千年中华民族的人文史中，砚也成为了文化传播的无声使者。

砚是在何时何地、由何人发明的？历史已经无法考证。今天能见到的最古老的实物，是仰韶文化时期姜寨遗址中发现的一块石砚。它有砚盖、磨扞，砚心微凹，砚弯有陶质的水盂。在石砚附近，人们还发现了清水和五块黑色颜料。毫无疑问，砚在5000年前的新石器时代已经诞生了。

早期的石砚又称“研磨器”，上面加盖，下面有底，盖中有凹池。石砚正好可以放进凹池中心，在石上研磨。汉代以后，砚的花样出现了多种翻新。不仅有常见的石砚、瓦砚，还冒出了较为罕见的玉砚、陶砚、漆砚和青铜砚。它们的形状也不再拘泥于普通的方形和圆形，山形、龟形甚至带有三只脚的艺术造型，都被设计者运用到了砚台上。

从汉末到魏晋的南北朝时期，人们开始重视纸的使用。砚台的制作更跨前一步，造型、雕刻工艺也有进一步的提高。在众多石材制砚中，居首位的要数歙砚了。

歙砚出现于唐代，别名“龙尾砚”，因取石于歙州龙尾山（今江西省婺源县）而得名。歙砚的出现有一个美丽的传说，相传，有一位猎人外出打猎，追捕野兽时，他不知不觉来到龙尾山山脚的武溪旁。这时，他看到溪水上方有一缕白烟宛转浮游，状如行龙，像是要引导自己去一个地方。猎人跟随指引，挖掘出一块奇异的石料。他把石料带回家中，请技艺高超

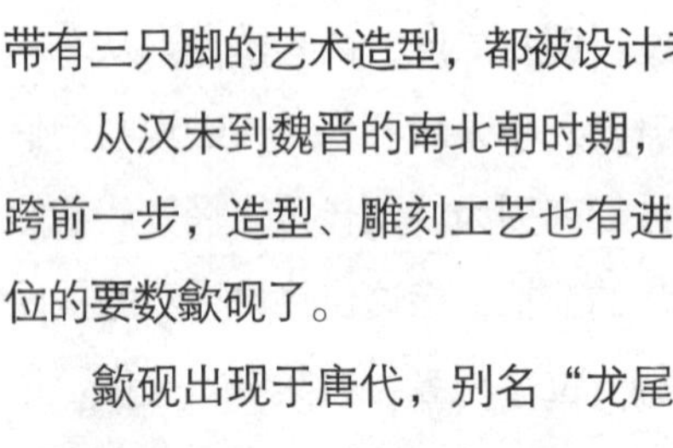

歙石松月山泉砚

的匠人把它仔细研磨，终于雕琢成一块精美的砚台。几经辗转，砚台才引起官府的重视。

青釉多足砚

歙砚历来是文人墨客推崇的砚台之一。它质地致密细腻、孔隙少，不会损坏毛笔。而且砚石中含有颗粒均匀的云母，使砚石“细中有锋，柔中有刚”。歙石石质优良、莹润细密，有“坚、润、柔、健、洁、美”八德。著名书法家蔡襄对歙砚尤其钟爱，曾作诗一首：“玉质纯美理纹精，锋芒都去墨无声。相如闻道还持去，肯要秦人十五城。”短短四句诗，把歙砚质纯如玉、纹理精致、墨之锋芒、磨尽却听不到一丝声音等特点，描绘得淋漓尽致。

明清两代，制砚台的工艺技术日渐完美，砚台也由实用器演变成一种收藏玩赏的工艺品。制砚成品后，在砚背、砚侧面或墨池周围，精细地镌刻上诗文警句，篆隶行楷四体俱全，极具欣赏性和趣味性。

看似小小砚台，从选料到制成都有讲究。在岸石、坑石、洞石或溪水里的石料，石质就不一样，石头的纹理线条所形成的特色也不同。聪明的石工们常将采到的“贵”石，赐给它一个悦耳的名字，“冰纹”、“蕉叶白”、“鱼脑”、“绿豆沙”、“朱砂”等等，名目繁多。也有按石质的纹理，冠以动物眼睛的名称，如石眼、猫眼、鸡眼、雀眼。在石工们的巧手下，它们褪去平凡的外表，显露出不平凡的品质，美丽不可方物。

一方砚台，自有一个掌故、一段历史。光阴如箭，岁月如歌，时间也如墨迹，凝结了多少美丽人生。

扬蹄只共鸟争飞

——马踏飞燕

一匹风驰电掣的骏马，首微昂、尾高扬，马蹄奔腾处，掀起一阵呼啸的风。

它越跑越快，四周的战马和士兵还未看清，影子就被湮灭在卷起的烟尘里；它双腿一次次用力蹬地，再高高跃起，脚下的黄土渐渐模糊，头顶的苍穹愈来愈清晰；眼看它就要穿过绸缎般的白云，扬蹄宛若蜻蜓点水，御风好似霹雳弦惊。

一只正在飞翔的云燕，也感受到了身后那股强劲急速的气流。它奋力地一振翅，想躲开咄咄逼人的飞马。可奔马比它更快！三足踏云、一足轻点，正落在云燕的脊背上。巴掌大的弱燕，哪里能承受住马儿的重量？云燕一下子慌了神，赶紧回首张望……

好，就让时间在这里定格——举世无双的艺术杰作“马踏飞燕”就此诞生了。

“公出有从骑”，1969年武威雷台汉墓出土了中国境内数量最多、阵容最恢宏的铜车马仪仗俑群，由38匹马、1头牛、14辆战车、17个手持长戟的武士俑和28个奴婢俑组成。引领这支仪仗队伍的，正是气势惊人、脚踏飞燕的铜奔马。

马踏飞燕

东汉艺术家用奔马和云燕，设计出一幅浪漫的飞天意境，烘托出骏马一日千里的神速。实在令人拍案叫绝！这匹骏马体型的每一部分都完美匀称，姿态动感强烈，同时也保持着精确的平衡。雕塑的重心显然经过了极其周密的计算，稳稳地落在踏鸟的一只足上。作为具有三维空间的圆雕作品能取得如此非凡的艺术效果，作者想象力之卓越、构思之新颖以及铜铸工艺运用之巧妙，都令人惊叹不已。

汉武帝在《西极天马歌》吟道："天马来兮从西极，径万里兮归有德；承灵威兮降外国，涉流沙兮四夷服。"汉代是我国历史上开疆拓土、抵御外奴的一段辉煌时期。高祖亲征、文景盛世、武帝命人两度出兵大宛，使得西域各国无不臣服于大汉天威。当汉朝军队从大宛得胜而归，特意引进了一批上等良驹，其中就有汉武帝朝思暮想的"汗血宝马"。"汗血马"是一种古老的世界名马，体型优美、四肢修长、轻快灵活，奔跑时颈部会流出鲜红似血的汗液。在汉墓随葬俑中，马的形象气质已经与众不同，显然是良驹引进带来的变化。

艺术瑰宝"铜奔马"从武威雷台汉墓出土后，曾到日本、美国、英国、法国、意大利、瑞典等14个国家和地区展出，引起了全世界的极大轰动和高度赞誉，称它是"绝世珍宝"、"天才的中国马"、"艺术作品的最高峰"。

马是人类的好朋友，人们喜爱马、赞颂马，千百年来，历代艺术家们创作的与马有关的绘画、雕塑、画像以及各种各样的艺术作品，可以说是不计其数。但是，无论是从构思之精妙、造型之奇特，还是从力学的重心与平衡技术水平之高超的角度考量，没有哪一件作品能够与这尊"马踏飞燕"相比拟。特别是后来被确定为中国旅游标志以后，这匹马更是走出国门，走向世界，为天下的人们所熟知。"马踏飞燕"曾先后四次"跃上"国家名片，成为中国邮票史上的佳话。

莲花为什么那样红

——青瓷莲花尊

梅花贞洁，傲霜斗雪；兰花幽香，清丽典雅；菊花孤傲，远离喧嚣……在群芳争奇斗艳的百花园里，佛祖释迦牟尼单单钟情于莲花。

佛教文化中，很多都是以莲花为象征。据佛教经典记载，佛祖释迦牟尼出生时，百鸟齐声歌唱，天乐鸣空相和，四季花朵同时绽放。尤其是一旁的池水中，冒出一朵车盖大小的莲花！释迦牟尼生来就能言会走，他下地走了七步，每步都生出一朵香莲。此后，他给世人传教说法，坐姿也是两腿交叠、足心向上的“莲花姿”。

大慈大悲的观音菩萨，也选择莲花为伴。传说，观音能幻化成多种形象：白衣观音，手持莲花净瓶；卧莲观音，卧于莲花之上；施乐观音，左手轻捻莲花；一叶观音，乘莲花漂行水面……在传世的佛像与佛经中，圣贤尊者都以莲花为台，或坐、或站、或卧，象征着清净庄严，不可亵渎。

不仅如此，莲花还意味着“出淤泥而不染”。它圣洁高雅的韵味、清廉纯洁的寓意，自古深受人们喜爱。古印度的阿旃陀壁画中绘有莲花；中国敦煌、云岗、龙门石窟，刻有莲花纹饰；在佛教盛行的南北朝时期，更产生了许多以莲花为主题的器物，青瓷莲花尊就是其中的代表作。

青瓷莲花尊

北朝青瓷莲花尊高9.5厘米，宛如一位穿越时空、超尘脱俗的古典“美女”。她头戴一顶美丽大方的“圆帽”，以莲瓣纹为装饰；细长的颈口边，长有一对小巧可爱的桥形耳，肩部还有六个双系环；她身披一件莲花“小袄”，搭配一袭莲花“罗裙”，落落大方、清新可人。人们不禁要问：是谁帮她设计了这一身端庄素雅的造型?

青瓷莲花尊来历非同小可。唐以前的尊，通常都是拿来盛酒的器皿。但酒是佛教眼中的禁物，莲花尊颈部的下端有4个交脚而坐的佛像，证明它的功用与酒无关。工匠以莲花作为装饰主题，刻画出精细的线条，雕饰以丰腴的莲瓣，集浮雕、堆塑、模印、粘贴等多种技法为一体。如此珍贵的一件艺术品，寻常百姓家哪能享用得起? 莲花尊大都出自豪华墓葬中，是南北朝上层人士的随葬品，具有一定宗教意义。

青瓷是中国古代瓷器的一种。在胚胎上施加以铁为着色剂的青绿色釉，烧成的瓷器青中泛黄，光亮剔透，与莲花冰清玉洁的气质不谋而合。商朝时期，我国已经出现了原始青瓷；三国以后，全国各地烧制青瓷的窑厂不断发展，青瓷也越来越受到人们喜爱。唐朝的越窑，宋朝的龙泉窑、耀州窑等等，都属于青瓷系统。

“南朝四百八十寺，多少楼台烟雨中。”遥想南北朝那会儿，僧侣众多、香火遍地。上至皇帝、下至百姓，各个是佛教信徒。这位虔诚的墓主人，一心将带有宗教寓意的莲花尊留在身边，祈求死后能魂归西方极乐世界。正因为如此，国宝“六朝青瓷之王”才侥幸留存于世，与后人见面。

全国十二个，人人有一个

——隋生肖瓷偶

20世纪初70年代，日本首相田中角荣访华时出了一道古怪的谜题："全国十二个，人人有一个"，请周恩来总理猜一猜。在场的中国工作人员怎么也想不出答案，心里直替总理干着急。没想到，总理听了哈哈大笑，将谜底脱口而出："十二生肖！"没错，生肖是中国人记录时间的符号象征，以年为单位，十二为周期。当然是全国十二个，人人有一个啦！日本朋友对总理的才思敏捷赞赏不已，这个小故事也成为人们津津乐道的一段佳话。

时空交替，天地变迁。远古先民挥洒血汗、开疆拓土的身影已经远去，但承载祝福与希冀的十二生肖，却成为华夏文明的符号流传下来。子鼠机灵、丑牛勤劳、寅虎勇猛、卯兔聪慧、辰龙神通、巳蛇敏锐、午马刚健、未羊吉祥、申猴伶俐、酉鸡守时、戌狗忠诚、亥猪亲善，人们打心眼里爱上了这十二种可爱又可敬的动物。

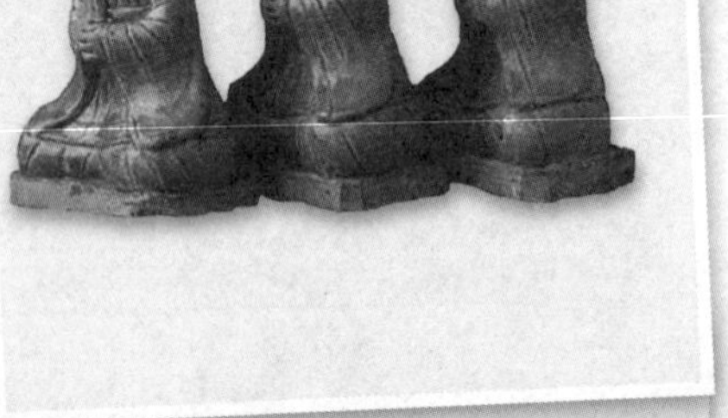

隋生肖瓷偶

不仅如此，隋代工匠还为十二生肖量身定做了一套小瓷偶。它们身着朝服、腰带高束，各个正襟危坐，双手捧着上朝记事用的手板，好似几位军机大臣正在商议国家大事。可惜，这套珍贵的隋代生肖瓷偶只剩下鼠、牛、猴三个，其余的兄弟姐妹都不知散落何处。全国仅剩一套完整的十二生肖瓷偶，出土于大唐年间，经历了几千年的沧桑变幻，十二兄弟依旧团结友好、彼此相连，实在太不容易啦！

隋代出现的生肖瓷偶，已经和今天的十二生肖形象基本相同。大约2000年前，古人为了方便计时，将一昼夜分为十二个时辰，并用十二生肖分别为它们命名。怎么将十二种动物和十二个时辰对应起来呢？聪明的古人绝不是胡乱搭配一气，而是依靠一个简单巧妙的规律——

深夜11点至凌晨1点为子时，老鼠们为了美味的夜宵四下搜寻，好填饱一家老小的肚皮；凌晨1点至3点为丑时，牛儿正卖力地反刍，仔细消化胃里的食物；3点至5点为寅时，老虎尽情在山林中撒欢打滚，耍足“大王”威风；5点至7点为卯时，玉兔卖力捣着药草，为月宫干不完的活儿忙碌；上午7点至9点为辰时，云中的巨龙开始翻腾咆哮，给干旱的庄稼布云施雨；9点至11点为巳时，雨过天晴后的大地气温回升，蛇懒洋洋地扭动着细腰，到隔壁四邻家串门；中午11点至1点为午时，几匹凌空奔腾而过的天马，被阳光染成了耀眼夺目的金色；下午1点至3点为未时，牧羊的小童带着羊群去河滩边的草地，度过美好惬意的“下午茶”时光；3点至5点为申时，一觉醒来的猴儿们上蹿下跳，互相打闹嬉戏；傍晚5点至7点为酉时，夕阳的余晖洒落，母鸡呼唤小鸡按时回窝；晚上7点至9点为戌时，忠诚的看家狗抖擞精神，时刻准备驱赶趁夜潜入的“不速之客”；9点至11点为亥时，可爱的小猪们列成一队，背靠着背鼾声如雷。十二生肖的人生故事，是不是已经深深印入你的脑海中了？

天朝“奇马”善歌舞

——舞马衔杯银壶

风景秀丽的骊山脚下，曾流传过一个关于天朝舞马的故事。

相传，唐玄宗李隆基每年都要带着大美人杨贵妃，移驾骊山华清宫避寒消暑。在这段悠闲的度假时光里，他们游遍了整座华清宫和附近的名山胜迹，玩腻了所有的珍奇异宝和杂耍乐子。还有什么新奇物件能打发时间呢？百无聊赖之下，杨贵妃干脆当起“美食家”，冬天闹着吃沙瓤西瓜，盛夏偏要尝新鲜荔枝……折腾得整座华清宫鸡犬不宁。

“快点找点有趣的玩意来！”眼看爱妃胖得面目全非，一向以胖为美的玄宗也有点慌了神。“只要让娘娘别拿吃的撒气，什么都好说！”

这天，玄宗搀着贵妃一步一歇地登上长生殿的高台，向东边驿路的方向眺望。尘埃中，一位红衣黑马的差人由远而近飞奔而来。玄宗心里咯噔一下，不好，又是来送吃的？忽然飞奔的马儿好像受到了什么惊吓，高高抬起前，把送荔枝的差人摔了个四仰八叉，鲜红的荔枝咕噜噜滚了一地。

这还了得！玄宗龙颜大怒，当下就要发火。可一旁的贵妃竟然掩口失笑，开心得差点背过气去。一个创意百分百的好点子在玄宗脑海中蹦了出来，想哄爱妃开心，就这么办！

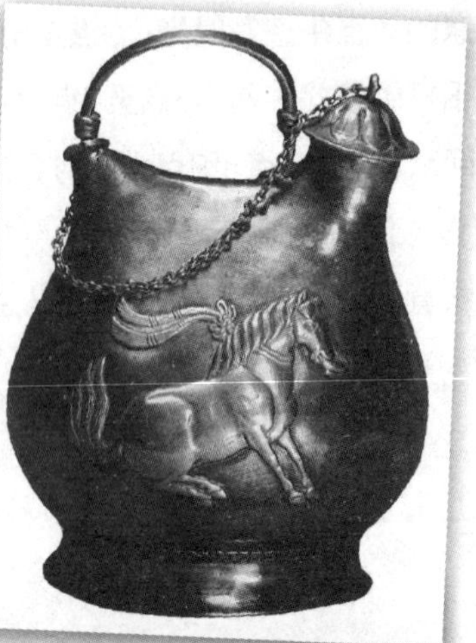

舞马衔杯银壶

于是，此后一年的时间，贵妃发现玄宗整日不是去马廊转悠，就是到马场兜风，好像有什么秘密背着自己。虽然心中甚是不快，但杨贵妃也不好当面明说，只能继续拿荔枝出气。

第二年盛夏，玄宗照例携贵妃前往骊山避暑。这夜皓月当空，繁星似锦，正是乘凉观景的最佳时机。在玄宗的精心安排下，宴席间一名手持长鞭的驯马师翻个筋斗，忽然来到贵妃等人面前。然后，他扯起高亢的调子喊道：“张家宠、杨家娇，率领左、右二曲部——上台！”

听到这儿，蒙在鼓里的贵妃好奇地问：“圣上，梨园中何时新来了歌伎？”话音刚落，只见对面的画壁突然闪开了两扇大门。两匹披着绣衣、挂着铃铎、穿戴金银珠玉璧络的骏马，率领两队同样装饰的庞大马队，踏着鼓点儿，缓缓走上场来。看到这，贵妃和众大臣都笑成一团——原来，这些宠呀、娇呀，并不是花枝招展的歌舞艺伎，而是一群骏马！

说来也怪，随着乐师奏起悠扬动听的曲子，四百匹高大精壮的“天马”竟像《霓裳羽衣舞》的飞天“仙女”，踏着节拍、昂首奋尾地翩翩起舞！一位壮汉在舞马台上叠起三层板床，高已盈丈，那名叫杨家娇和张家宠的舞马，竟应声跃上板床，旋转如飞！接着，一群力大如牛的侍卫抬起旋转着舞马的三层床板，走到玄宗和贵妃的面前。舞马似乎明白了主人的意思，一匹匹衔起酒杯，向玄宗和贵妃舞拜敬酒……那晚以后，舞马衔杯的精彩像神话一样流传开来。

真的有神奇的舞马吗？西安出土的唐代银壶上，精细镌刻着舞马衔杯的生动画面，使我们得以再次领略唐代舞马的卓越风姿。

清茗一盏觅知音

——唐代鎏金茶具

你最喜欢的饮料是什么?

如果答案是“清酒”，他可能是日本人；如果答案是“伏特加”，他可能是俄罗斯人，如果答案是“茶”，他十有八九是中国人。

中国是茶的故乡。相传在一个风和日丽、阳光普照的日子，神农氏带着妻子儿女去登山。山风拂来，一片从未见过的绿叶晃晃悠悠落到他的眼前。众所周知，神农氏有一个标志性的爱好：尝百草。当下，他立刻捡起绿叶仔细端详：用手搓揉叶片，汁液润泽细滑；舌头轻抿叶面，苦涩中略有清甜。凭着丰富的品尝经验，他判断：这是一味生津止渴、清热解毒的好草药！此后，他整日将茶带在身边，以防不时之需。“神农尝百草，日遇七十二毒，得荼（茶）而解”，茶似乎成了传说中的万能“解毒草”。

不论茶是否曾与神农同生死、共患难，但它的确对人体健康有益，具有一定药用价值。翻开中华民族几千年的文明史，随处可见茶的绿荫，随时可闻茶的馥郁。“开门七件事，柴、米、油、盐、酱、醋、茶。”千姿百态的茶芽如宝剑倒悬，又如春笋出土，深深植入了我们的日常生活，为中国文化插入了一串别具韵味的音符。

摩羯纹蕾纽三足架银盐台

在中国乃至世界茶业史上，唐代陆羽被尊为“茶圣”、“茶神”。世界第一部茶书——《茶经》，就是出自他的笔下。书中详细论述了茶的性状、品质、产地、烹饮方法及用具，足见当时茶艺的盛行。在唐代王公贵族之间，“茶道”风靡一时，并形成了一定的茶道程序。从陕西省扶风县法门寺塔基地宫出土的唐代茶具中，我们依稀能看到唐人奢华考究的饮茶过程。

法门寺出土的“茶具六件套”，包括鎏金镂空鸿雁纹银笼子、鎏金流云纹银茶碾、鎏金飞天仙鹤纹银茶罗子、鎏金银龟盒、摩羯纹蕾钮三足架银盐台等。每件茶具都做工精致、造型各异，与今天的饮茶工具相去甚远。镂空纹银笼布满了拇指大小的孔隙，专门用来盛放用茶叶制成的茶饼。饮茶前，人们先将茶饼取出，放入长方形的茶碾，碾成茶末；然后用茶罗子把茶末筛得更细，再装入“银龟”背中。这时，饮茶的前期工作算是告一段落。奇怪，三足架银盐台怎么没有派上用场?

其实，在唐代以前饮茶更像是喝菜汤，连水带茶叶都要灌进肚子。如果嫌茶水苦涩，你可以加入盐、姜、红枣、桔梗进行调味，甚至放入稻米和肉末，比涮火锅还管饱。直到唐朝中期，人们才摒弃了“一锅炖”的饮茶方式，改成文雅的煮茶叶末。但在茶水微微冒泡的时候，人们仍会放入少量的盐，以保持茶叶的香气。

与唐代相比，宋代的“茶文化”更加繁荣，掀起了一股空前的“斗茶”热。从生活清苦的茶农，到富甲一方的茶商；从满口“之乎者也”的文人雅士，到大字不识一个的乡野村夫，几乎人人爱比茶、赛茶，比试茶的优劣。只要在斗茶比赛中“一战成名”，茶叶的身价也随之水涨船高。画家刘松年将市井斗茶的情景描绘下来，创作了著名的《茗园斗茶图》。画中茶贩有的注水点茶，有的提壶举杯，有的驻足观看……喧闹紧张的斗茶之乐跃然纸上。

鎏金流云纹银茶碾

金戈铁马六“勇士”

——昭陵石雕

唐太宗李世民是盛唐伟业的奠基人，一生南征北战、戎马倥偬。在他的带领下，将士们浴血杀敌，建立了无数丰功伟绩。其中有六名特殊的“勇士”陪伴他出生入死，直至壮烈牺牲，每一位都留下了惊心动魄的战斗故事。

李世民登基以后，开始为自己和爱妻文德皇后修建陵园。昭陵位于陕西省礼泉县城东北22.5公里处的九嵕山上。从贞观十年（636年）到二十三年（649年），建造过程持续了13年之久。李世民诏令当时著名画家阎立本绘制图样，由工艺美术家阎立德组织设计，将六位“勇士”的石雕陈列在昭陵的祭坛里。六勇士被雕刻在六块巨大的长方形青石板上，石板右上角或左上角有唐太宗亲自题写的赞美诗，并由唐代大书法家欧阳询用隶书写成。如此高格的待遇，足见六“勇士”在唐太宗心目中的地位。

说到这儿，不得不提到六“勇士”的名字和身世。它们就是李世民最疼爱的六匹战马，分别叫做特勤骠、青骓、飒露紫、什伐赤、拳毛䯄和白蹄乌。这些名字可不是为了耍帅随便乱起的，每个都有特殊的含义。

特勤骠的毛色黄中透白，“特勤”是突厥族的官职名称，可能是为

青雅

特勤骠

拳毛䯄

什伐赤

了感谢这位官员的馈赠而命名；青骓毛色苍青，“骓”是对好马的赞赏；飒露紫代表毛色油亮，如同紫燕，“飒露”在突厥语中代表“勇敢者的紫色骏马”；什伐赤是一匹来自波斯的红马，“什伐”是波斯语中“马”的音译；拳毛䯄因一身旋转状的鬃毛而得名；白蹄乌名如其“马”，毛色纯黑，四蹄雪白，极为稀有。它们有的行动快捷，在敌阵中冲入杀出，骁勇善战；有的在战役中遭到包围，身中数箭，仍然坚持战斗；有的追击敌人，昼夜奔驰，力竭而亡。美丽传神的名字不仅体现了骏马最鲜明的特征，还表达了主人对它们的喜爱之情。

雕刻“昭陵六骏”采用华山的巨大石料，风格质朴雄健，浑然大气。其中，飒露紫是唯一一幅有人物形象的作品。这个人不是主人李世民，而是他的得力干将丘行恭。公元621年，李世民率军在洛阳与王世充展开血战。为了摸清对方实力，他带领几十名精悍的骑兵，向敌营靠近。半路上不小心陷入敌人埋伏，激战中李世民与随从们走散，只剩下将军丘行恭跟随其后。忽然，前方乱箭齐发，一支利箭直直刺入飒露紫的前胸。它发出一声痛苦的嘶吼，奔跑速度也慢了下来。

丘行恭见势不妙，急忙跳下马，将自己的坐骑让给李世民。李世民接过缰绳，翻身上马继续迎战。丘行恭走到飒露紫面前，只见它漂亮的紫色胸膛被箭头撕裂，伤口深深翻了出来。丘行恭咬了咬牙，手上发力，猛地将飒露紫前胸的箭连根拔出！飒露紫疼痛难忍，嘶叫着腾空跃起，向敌军冲去。丘行恭举起长刀，跟着杀入敌阵。一人一马连砍带撞，为李世民杀出一条血路。最后，他们终于回到了唐军大营。

飒露紫由于身受重伤、失血过多，很快就闭上了双眼。李世民永远忘不了丘行恭为它拔箭的一幕，命人将他俩一同刻在了石板上。

丘行恭为飒露紫拔剑

驼鸣千里传佳音

——骆驼载乐俑

骆驼，被人们赞誉为“沙漠之舟”，不仅能驮善走，更能适应艰苦恶劣的环境。“缕缕蚕丝织友情，鸣驼千里传佳音。”高大健壮的驼队，双峰间驮着装满货物的沉重皮囊；宽大厚实的脚掌，一步步踏出东起长安、西至罗马的“丝绸之路”。

自从汉代张骞出使西域以来，丝绸之路上商队来往，人潮涌动，盛况空前。

风尘仆仆的胡商背负香料、玛瑙、葡萄而来，满载丝绸、瓷器和茶叶而归。他们顺路还捎来了异域的文化艺术，让唐人喜不自禁。

唐都长安作为当时的“国际大舞台”，各国音乐家纷纷云集于此。骆驼不仅仅是胡商运载货物的交通工具，更成了表演的“移动”舞台。西域乐曲或激越欢快，或婉转娴雅。能歌善舞的舞蹈艺人，尽情演绎着对太平盛世的赞美之情。人们把这一切捕捉在自己的雕刀之下，创作出了生动逼真的艺术作品——三彩骆驼载乐俑。

三彩骆驼载乐俑是一件国宝级的唐三彩作品。唐朝是中国历史上最重要的朝代之一，也是中国封建社会的鼎盛时期，在当时世界的政治、经济、文化等领域都有非常辉煌的成就。唐三彩正是盛行于此时的一种低温烧造的窑器，以生动逼真的造型、鲜活的艺术内容著称于世。这里的“三”，并不是只有三种色彩哦！唐三彩以简单的黄、绿、褐为基本釉色，变幻出丰富多彩，甚至极其夸张的艺术世界。正如《老子・道德经》中所说：“一生二，二生三，三生万物。”

黄尘古道，驼铃声声。阳光落在来来往往的人们脸上，他们当中有富裕的商贾，有苦行的僧侣，有求学的书生……每个人都一脸疲倦、面带焦急。没有移动电视，没有MP3，没有掌上游戏机，就连收音机也没有频道可听！让他们如何打发这段漫长的旅程呢?

忽然，从驼队中传来一曲悠扬悦耳的音律。在烈日下打盹的人们，像当头淋了一场大雨，立刻精神百倍！众人探着脑袋，向声音的来源望去——只见商队中缓缓走出一个以驼代步的“女子乐团”！骆驼昂首阔步、一步一顿；背上由驮架搭出一个小小的平台，铺设着色彩斑斓的毛毯；七名乐手和一名歌者围坐在平台之上，迎风弹唱、神态自如。

其中，七名女子围坐在平台边沿，手持排箫、笛子等乐器，全神贯注地沉浸在音律中，无视四周惊叹的目光。正中吟唱的歌者，梳着唐朝妇女典型的发式，身着高束腰长裙，头微微上扬，手轻轻挥舞，神态优雅自信。骆驼踏着节拍，徐徐前行；歌声百转千回，响遏行云……

三彩骆驼载乐俑

可惜，这幅画面只是作者的艺术夸张。一般人只要坐在高高的驼背上，都会有点心惊肉跳，何况还要八个人同时在驼背上进行表演！简直是一队配合默契、技术高超的“大师”组合。

虽然不能同乘一匹骆驼，但在大唐的确存在过类似的乐队。唐代艺术家的浪漫和夸张，正应了那句话——“心有多大，舞台就有多大。”

法地绽放秘色瓷
——五瓣葵口圈足秘色瓷碗

在北京故宫博物院的陶瓷馆内，静静站立着一件美轮美奂、如冰似玉的秘色瓷——八棱净水瓶。与一旁众多的彩瓷相比，它没有任何纹饰妆点，却显得超凡脱俗、与众不同。

梵音袅袅，净水瓶犹如一朵出水芙蓉，独自绽放着美丽。然而，在这温润的釉色背后，隐藏着多少惊天动地的秘密?

1987年某月，陕西省扶风县连降暴雨。在中国最大的佛教寺院——扶风法门寺内，须发皆白的老方丈正冒着风雨，指挥弟子们修葺千疮百孔的院墙。忙碌间，忽听得耳边传来一声巨响。众僧循声望去，顿时被吓得面如土色！冲天而起的尘埃中，供奉着佛祖释迦牟尼真身舍利的宝塔，竟然从中轴裂开。一半砖塔已被暴雨彻底损毁。

八棱净水瓶

祸兮，福之所倚。在僧人们眼中，宝塔损毁是惊扰佛祖的大不敬。但对考古工作者而言，这将是揭开法门寺“惊天之谜”的绝好时机！

法门，意为“修行者必入之门”。法门寺是中国著名的古刹之一，据史记记载，寺中宝塔初名阿育王塔，因珍藏佛祖释迦牟尼的一节佛指舍利闻名于世。唐代时，曾有多位皇帝到此奉迎佛骨，法门寺也因此名声大噪。唐朝末年，佛指舍利被封存于地宫，从此销声匿迹。经过千余年的风云变幻，舍利是否还安然无恙地留在地宫内？答案将随着重修塔基浮出水面。

经过紧张细致的发掘，沉睡了千余年的唐代地宫重见天日。法门寺地宫由平台、隧道、前室、中室、后室及后室秘龛组成，略呈“甲”字形，总长21.12米。借着光线，人们眼前豁然开朗——好一派金碧辉煌的奢华景象！

只见地宫中“金钱铺地”，各种钱币达30多种、2.8万枚，几乎囊括了唐代全部货币种类；隧道内锦绣荟萃，绫、罗、绸、缎、纱、绢、绮，为供奉舍利制作的佛教法衣和皇家服饰不计其数；宫室中金银耀眼，121组金银器物玲珑剔透，每一件都精雕细琢，具有极高的工艺水平和观赏价值。法门寺文物数量之多、质量之高、保存之完整，在唐代考古史上都绝无仅有。而且令人大感意外的是，绝世“秘色瓷”也在地宫之中！

“秘色”，指“少见的颜色”。秘色瓷是世界上发现有碑文记载证实的最早、最精美的宫廷瓷器，专供皇帝使用，釉色和制作工艺秘而不宣。唐代诗人陆龟蒙曾赞叹它：“九秋风露越窑开，夺得千峰翠色来。”虽然留下了“产地越窑、乃青瓷极品”的线索，可惜后人从未亲眼所见，只能在诗文中推测它的美丽。法门寺地宫出土的14件秘色瓷，为我们提供了珍贵的标准物——造型精巧端庄，胎壁薄而均匀，釉色如湖水般清澈碧绿。

至此，秘色瓷的神秘面纱终于被揭开。

一千多年前，穷奢极欲的统治者不惜用奇珍异宝供奉佛骨舍利，以祈求国运昌盛、长治久安。而如今，佛骨舍利长存于世，盛极一时的大唐却早已灰飞烟灭了。

登封降禅古来传

——唐宋玉册

古人云：“山莫大于泰山，史亦莫古于泰山。”

一直以来，泰山被奉为“五岳之尊”。中国古代无论文人墨客还是仁人志士，无论负笈仗剑壮游天下，还是宦海沉浮漂泊齐鲁，总把登临泰山看成一生幸事。历代帝王更渴望能在泰山封禅，以表“功绩”告慰上苍，宣“德政”安抚百姓。因为“泰山封禅”是天下太平安康，人民安居乐业的象征。只有为国家和百家作出卓越贡献的帝王，才有资格在泰山祭祀告天。

秦始皇灭韩、赵、燕、魏、楚、齐六国，统一中国版图，建立起强大的集权王朝，遂登泰山；汉武帝击破匈奴、吞并朝鲜、遣使西域，开拓汉朝以来最大版图，遂登泰山；唐高宗勤勉执政、励精图治，使得大唐永徽年间边陲安定、百姓阜安，遂登泰山……在中国2000多年封建历史上，曾先后有12位成功帝王在泰山举行封禅大典。大典的隆重程度，甚至超过了

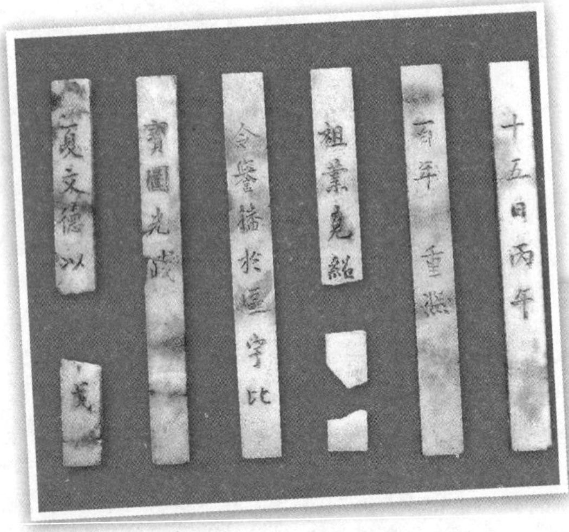

洛阳出土唐哀帝即位玉册

宋玉册

帝王们的登基仪式，可见统治者对大典的重视。

相传在封禅典礼中，奠基玉册是必不可少的一个环节。玉册又名玉牒，是用玉制成的简册，上面刻有向上天祷告的祭文。封禅活动中，皇帝要亲自跪取玉册放入玉匮，并用金绳缠好，封上金泥；接着盖印“受命”玉玺，用五色土封埋在祭台下；最后架起柴堆，燔柴告天。随着袅袅轻烟升上云端，古人相信，玉册上的密文已经上达天庭。

可是，因没有史料记载玉册确切的埋藏位置，也没有相关文物出土，“玉册掩埋说”始终遭到质疑。泰山极顶无字碑西侧的碑碣上，至今仍刻有清代诗人张铨“莽荡天风万里吹，金简玉册至今疑”的诗句。直到唐宋玉册的惊世出土，终于证明泰山之下确有玉册！

20世纪30年代，中国正处于军阀混战时期。蒋系军阀马鸿逵率部占领了山东省泰安市，决定在泰山脚下为死去的官兵修建一座纪念碑。士兵们奉命清理一座被战火损毁的旧塔，在塔底意外发现一堆花花绿绿的土层。

拨开一看，土层竟然分成五种颜色！中间为黄色，四周为红、白、青、黑四色。原来，中国古代皇家祭祀时，要在社稷坛的坛面上铺设五色土。五色土在安排上十分讲究：黄土居中，代表统治者的最高权威；东西南北依次为青白红黑，象征四面八方对皇帝的辅佐，寓意“普天之下莫非王土”。

掘开土层，深处露出了两个沉甸甸的金盒，盒内整齐地摆放着两卷玉册。其中一册共15简，质地为粉白色阶玉，晶莹剔透。每一简长29.5厘米、宽3厘米、厚1厘米，共135个字。在简的上下两端有孔，可用穿绳连接各简。玉册上的隶书笔力精湛，结构庄重；末尾处有楷书“隆基”两字，证明这是唐玄宗李隆基登基的亲笔玉册。

另一册共16简，质地为白色闪玉，温润洁白。每简长29.5厘米、宽2厘米、厚0.75厘米，共有楷书227个字，书法自然洒脱，清秀真趣。祭文表明，此乃宋真宗赵恒的封禅玉册。它也是中国历史上最后一份封禅玉册，堪称“绝版之作”。

唐宋玉册分别记录了中国古代皇帝各自的政绩，以及对未来美好的期望。它们的出土，为研究中国封禅制度与泰山历史，提供了极为珍贵的实物资料。如今，这仅有的两件玉册被台北故宫博物院收藏，我们期盼着有一天，唐宋玉册能跨过海峡，回到故乡，重登巍巍泰山之巅。

他是谁家的胖娃娃
——定窑孩儿枕

说到枕头，大家再熟悉不过了。人的一生至少有三分之一的时间，是在枕头的陪伴下度过的。没有它，人们睡觉的时候总觉得少了点什么。

早在原始时代，人们偶然发现，用石头或草捆把头垫高后睡觉，更加香甜安稳、容易入睡。石头和草捆，便成了历史上最古老的枕头。直到战国以后，枕头业才开始兴旺发达起来。那时候，枕头外形已经相当考究，而且还有各种材质和功能可以挑选。散发阵阵竹香的竹枕头、对老年人颈椎有益的木枕头等等，五花八门。除此以外，东汉蔡邕在《协初赋》中曾提到“长枕”，隋朝墓葬中出土过一件青釉瓷枕，陕西法门寺发现了唐代

定窑孩儿枕

水晶枕，元代画家钱选在《扶醉图卷》中描绘的黑布枕等等，蔚为大观。虽然只是一件不起眼的床上用品，但枕头却像一只永不迟到的“候鸟”，向后人传递着祖先宝贵的生活智慧。

还记得那位有勇有谋的司马光吗？他是我国北宋时期著名的史学

家，因为小时候破缸救人的英勇事迹被报道后，成了后人心目中的小“天才”。司马光童年的时候，也有一个小圆木做成的枕头。他的枕头既不是为了提神，也不是为了美观，而是为了撵走讨厌的瞌睡虫！司马光太勤奋了，连睡觉的时间都舍不得浪费。他脑袋底下搁着圆木枕头，睡熟后只要稍稍一动，头就会从枕头上滑下来，“咣当”掉落在床上。这动静，不亚于司马光砸缸的声响！他的瞌睡虫顿时被赶得一干二净。司马光就是利用这只“警枕”，激励自己发奋读书。

宋朝时期制瓷工艺发展飞速，于是枕头行业又推出了新产品——瓷枕。瓷枕是我国古代的夏令寝具，始创于隋代，流行于唐、宋、元间。它清凉沁肤，爽身怡神，颇受人们的喜爱。唐宋时期一度广为流行瓷枕，宋代定窑曾大量烧造。宋代词人李清照在《醉花阴》一词中，还有赞颂瓷枕的词句：“薄雾浓云愁永昼，瑞脑销金兽，佳节又重阳，玉枕纱厨，半夜凉初透。”可见，瓷枕是消暑的极佳卧具。

从古至今，人们都认为儿童象征着吉祥幸福，能降福驱灾。因此，“孩儿枕”成为瓷枕的一种常见样式，其中以定窑、景德镇窑烧制的最为精美。在定窑孩儿枕的正面，一个胖乎乎的小男孩正伏卧在雕花矮榻之上。他满脸稚气，两只大眼睛调皮地凝视着你；圆滚滚的胳膊好似两节白藕，交叉地撑住下巴；左手中握着一个系有蝴蝶结的儿童玩具，竖着两个发髻的小脑袋尤为活泼可爱。这件瓷枕是仿照谁家的胖娃娃制成的？实在太招人喜爱啦！

瓷枕上的小男孩身着长袍，外披背心，背心前襟饰钱形纹，长袍下裳印圆团花，是宋朝儿童最常见的穿着打扮。据说，乾隆皇帝得到了一件孩儿枕后，诗兴大发，题了一首诗：“瓷枕通灵气，全胜珖与珊。眠云浑不觉，梦蝶更应安。”你瞧，连皇帝都被瓷枕的魅力折服了！

千变万化是钧瓷

——玫瑰紫釉葵花花盆

钧瓷是中国宋代五大名瓷之一，以窑变神奇、釉色艳丽闻名于世。北宋工匠在唐代工艺的基础上，独创“入窑一色，出窑万彩”，将瓷器由青白两色带入了五彩缤纷的绚丽世界。北京故宫博物院珍藏了一件国宝级的宋代钧瓷，名叫“玫瑰紫釉葵花花盆”。它和宋徽宗赵佶之间，还有一段有趣的故事呢！

宋徽宗赵佶是北宋的第八位皇帝，天资聪慧，痴迷书画，对陶瓷艺术也情有独钟。在他年幼时，朝野上下都很喜爱这位才华横溢的小皇子。当其他皇亲国戚一心追逐于声色犬马，唯独赵佶每日沉浸在丹青、图史、射御之中，年仅十六七岁便“盛名圣誉布于人间”。

据说，小皇子赵佶第一次与钧瓷相遇，就被变幻莫测的色彩深深吸引。只见它红里透紫、紫里藏青、青中寓白、白中泛红，赵佶不禁连声称赞：“绝妙，真乃世间奇珍！”于是，他派人打听钧瓷的产地，侍者回禀“产于河南禹州神垕镇”。神垕镇地处山区，自然资源丰富，当地还流传着“南山煤，西山釉，东山瓷土处处有”的顺口溜。“这么好的瓷器，只能为皇室独享！”赵佶暗下决心，一定把美轮美奂的钧瓷归为己有。

赵佶没有食言，登基后的宋徽宗将钧瓷封为“御用珍品”，并在禹州设立了官窑。20世纪70年代，河南省文物工作者对禹州的八卦洞官窑进行发掘，出土了大量钧瓷残片，其中大多数都是花盆、花盆托残片。在北京故宫博物院和台北故宫博物院收藏的宋代钧瓷中，也是以各种式样的花盆、盆奁居多。宋徽宗令人烧制这么

玫瑰紫釉葵花花盆

多花盆，有什么特别的用处吗?

放眼中国历代帝王，宋徽宗的艺术造诣无人可及。他是一名著名的书画家，其书首创“瘦金书”体，其花鸟画自成“院体”，一生倡导文艺。然而在政治舞台上，他却扮演了一位骄奢淫逸、治国无方的昏君角色。《水浒传》中放任世风日下、奸臣当道，又把好汉们逼上梁山的“鸟皇帝”，就是宋徽宗赵佶。在位25年来，他大兴土木、修造园林，年年从全国收集花卉珍奇。公元1117年，宋徽宗命人在皇宫内城东北部，堆砌起一座气势恢弘的人工高山，取名为“艮岳”。《汴京遗迹》中形容这座皇家园林：“山林石壑日益高深，亭榭楼观不可胜数，四方花竹奇石，咸萃于斯，珍禽异兽无不毕有。”钧窑烧制大量瓷器，正是为满足“艮岳”的需要。

钧瓷之所以名贵，在于独一无二的窑变釉色。这种釉色非人工描绘，有的好似寒鸦归林，夕阳残照；有的如同高山云雾，峡谷飞瀑，构成一幅幅浑然天成的神奇图画，极难烧制。烧制好的钧瓷，必须经过层层筛选。上等佳作被送往宫中，跻身赫赫有名的皇家宫苑；不合格者被砸成碎片，深埋地下，决不让一片流落民间。玫瑰紫釉葵花花盆，正是北宋时期幸存的钧瓷精品。

玫瑰紫釉葵花花盆高15.8厘米，盆身有六条外凸里凹的线条，把花盆均匀地分成六瓣，宛如一朵盛开的葵花。轻叩声音圆润，清脆动听；细观造型富丽，巧夺天工。难怪世人皆称：“纵有家财万贯，不如钧瓷一片”，它的确是动人心魄的国之瑰宝。

永不褪色的“红”与“黑”

——中华漆器色彩之谜

中国历来以“丝国”、“瓷国”著称于世，但是你知道吗？中国也是闻名古今的“漆器之国”。

我国是世界上最早使用漆器的国家，也是出土古代漆器最多的国家。早在原始社会，人们已懂得用漆树的汁液，涂在木器和陶器表面，使它们

彩漆荷叶盏托

枫叶秋虫雕漆带座盒

婴戏图剔黑漆盘

美观耐用。无论是在黄河、长江与珠江流域，还是在东北、西北和岭南，都有漆器出土。天然漆具有防潮、防腐性能，能使涂层长久保持光彩。长沙马王堆出土的西汉云龙纹漆盘、南宋晚期的婴戏图剔黑漆盘、元代“雕漆巨匠”杨茂的花卉纹剔红尊、乾隆枫叶秋虫雕漆带座盒……历经千年，仍然色泽分明、光亮如新。

漆器是一种极费工时的工艺品。胎体要一刀一凿地刻削；漆要一遍又一遍地髹涂。看上去大气洒脱的花纹，漆画起来非常不易，而镶金嵌玉、雕填剔犀等工艺就更加复杂。精美昂贵的漆器，多为王侯将相的陪葬品。从盒、壶、豆、盘、耳杯等生活用具，到乐器、兵器、棺木，件件巧夺天工，赏心悦目。伴随时代变化，漆器上的图

云龙纹漆盘

画文章也各具特色。有的讲述历史故事，有的描绘神话传说，天地鬼神无所不包。欣赏中国古代漆器，就像读一部文化史、看一本神话志，精彩纷呈。

仔细品味古代漆器，你会发现它们都蕴藏有一种“很中国”的色调——红与黑。许多漆器髹多层天然漆以保护胎体，天然漆氧化后会呈现深褐色，髹漆层数一多又变成黑地，“漆黑”一词由此而来。黑地的漆器如同一块黑板，可以选用各种颜色作画。但人们却一致认为，“红与黑”的搭配最为绝妙。要么在黑地上画红色花纹，要么用红色反填衬出黑的花纹，要么两者并用。吉祥高贵的“红”与神秘凝重的“黑”，对比中透着深沉古朴、器宇不凡。各地也曾出土过少数灰、绿、黄、金、银色漆器，但它们都不是主打色。因此，“红与黑”成了中国古代漆器的鲜明坐标。它们背后，有什么特殊的涵义吗?

古代将黑色视为“吉色”，自古就有将外黑内红的漆器作为祭品的传统。人民喜爱红色的历史更为久远，因为它能和很多事物联系起来。太阳、火焰、血液……红色象征着尊贵、吉祥和神圣。万余年前的旧石器时代，山顶洞人曾用赤铁矿，将石珠串的系绳染成红色；唐代大诗人杜甫唏嘘“朱门酒肉臭”，因为只有贵族宅第才能涂上红色；朝廷对服装色彩的限制更加严苛，朱色是皇帝常服的专用色，红色是四品官袍服的专用色。时至今日，我们仍保留着“过春节、贴春联”的传统，漆器的色彩个性也一脉相承。

曾侯乙彩漆鹿

随着时代变迁，今天的日用漆木器多半讲究实用和耐用。举目四顾，我们看到的床、几、桌、椅，造型简洁、色彩明快；杯、盘、碗、盏也旧貌换新颜，难得再见到漆木器的影子。仿古漆器成为特种工艺美术品，继续诉说着永远的“红”“黑”情结。

最是青花惹人爱

——元青花大罐

翻开色彩浓重的历史画卷，元青花永远是那一抹最明净素雅的美丽。而人物故事纹青花大罐“鬼谷子下山”，更堪称元青花中的传奇。

在2005年7月的英国佳士得公司拍卖会上，它一登场，立即征服了英国的富豪政要。雄浑矫健的造型，张力十足的纹饰、浓艳深透的青花发色、通体弥漫的雄霸之气……还有什么比这更完美的？最终，它以2.3亿元人民币的天价成交，不仅创下了佳士得公司亚洲艺术品拍卖的最高成交纪录，也打破了中国瓷器拍卖的最高成交纪录！元青花大罐的拍卖风波轰动了全世界，一件蓝白花坛子哪来这么大的魔力？

盛世出佳器。有人根据唐代的残片，认为青花起源于盛唐。但这只是理论上的评定，与实际的青花瓷有很大差异。到了宋代，各窑没有继续烧制青花，青花突然隐没，在考古学上被称为“断代之谜”。令人困惑的是，元代时青花瓷不仅重新在景德镇出现，而且烧制技术成熟，工艺堪称完美。它没有唐三彩富丽堂皇的外衣，没有景泰蓝复杂考究的工艺，但人们却爱上了这位冰清玉洁的“青瓷仙子”。帝王将相爱上她的高贵华丽、典雅大方；文人墨客爱上她的端庄素雅、宁静致远；普通百姓爱上她的质朴简单、平淡真实……在元代，能拥有一件青花瓷，是很多欧洲贵族的梦想。

“鬼谷子下山”元青花大罐

烧制瓷器前，技艺精湛的画师先用一种天然钴料，在瓷胎上绘出各种美丽的图案。图案的内容丰富多彩，飞禽走兽、亭台楼阁、花草人物、神话传说……都能成为画中的主角。寥寥几笔，就能描绘出一幅意蕴悠远的水墨图画。然后，由经验丰富的工匠在瓷胎表面施上一层透明的釉，再把瓷胎送到火中用高温炙烤，一次烧成。一件精美的青花瓷就这样诞生了。青花瓷器的纹饰大多为牡丹、竹梅、鱼藻、龙纹、莲纹、花鸟等，以历史人物纹饰为刻画主题的元青花却相当罕见，全世界不足十个。

元代青花瓷的主纹，通常是讲述一些著名的历史故事和历史人物，诸如三顾茅庐、蒙恬将军、萧何韩信等等。不仅如此，它还像电视剧一样，把故事的来龙去脉描绘得一清二楚！故事“鬼谷子下山”的主人公，是春秋时期的纵横泰斗——鬼谷子。他姓王名诩，又名王禅，出道后更名为鬼谷先生。这位老先生实在了得，他上能预言凶吉祸福，占卜阴阳八卦；下可精通文韬武略、行军布阵神鬼莫测，所学知识相当于近百本大百科全书。

这可不是鬼谷子的自吹自擂，从他门下毕业的四位弟子孙膑、庞涓、苏秦、张仪，个个都是左右历史的大人物。这件元青花上的图案，描写的就是鬼谷子和孙膑的故事。为了解燕国被强兵所围之困，鬼谷子再度被请下山，给他拉车的竟然是一虎一豹。他却露出怡然自得的神情，一定是酝酿好退敌良策啦！

明青花龙纹花口盘

元青花“四爱图”梅瓶

星河奇遇记
——朱碧山银龙槎杯

古代的文人雅士偶尔都会犯点儿“酒瘾”。闲来无事邀上一两位好友，喝上三四杯美酒；或者，在环境清幽、景色雅致的角落自斟自饮，对月独酌……总之，古代人喜爱饮酒、品酒，甚至爱屋及乌，对用来盛酒的酒器也十分讲究。

能工巧匠们用一双巧手和非凡的智慧，别出心裁地制作出各种精美酒具，诸如商周时期青铜礼器，仿花鸟祥兽类酒壶、银器、金器、犀牛角材质的酒杯等等。文人雅士欣赏着手中精美绝伦的酒具，沉醉于玉液琼浆的醉人香气，文思如黄河之水滔滔不绝，还发愁写不出佳文绝句么?

用金银、犀牛角两种材料制成的槎杯，历来是酒器中的妙品佳构，广受文人显贵的推崇和珍爱。元代银工朱碧山的工艺作品，更是槎杯中的佼佼者。朱碧山称得上元代银制品加工业的头号人物，就连大名鼎鼎的学者柯九思，都曾向他定制灵芝形的银杯。凡是经他双手诞生的作品，都会成为达官显贵用来炫耀身份和地位的珍宝。

朱碧山银龙槎杯

提到“银龙槎杯”，先考考大家：银龙后面那个字，怎么念来着?听好啦，这个字和“茶”同音，也读chá，但音同意不同。槎是古代一种简易的船，类似用竹木编成的小筏子。想象一下，如果你拥有一条小船，你会怎么使用它?挑一个天气晴朗的周末，乘着它去欣赏湖光山色；还是立即动身，和它踏上环游世界的勇敢旅程……随你喜欢。瞧瞧小槎主人是怎么度过他的悠闲时光的：眼前这位悠然自得的老人，头戴素巾，身披长袍，手持书卷，倚靠船沿正看得入迷。身后的木槎好像一段蜷曲盘绕的老树，又如一条凌空跃起的巨龙，把老人包裹在槎中。用手指敲打小槎，会发出“噔噔”的清脆回响——原来，小槎内部是中空结构，用来盛酒。那位全神贯注的老先生还没发现，自己已经坐在一只“酒葫芦”上啦！

关于槎，还有一个充满奇幻色彩的故事。

传说每年八月，居住在海边的人都能目睹一只小船，从大海深处缓缓驶来；在岸边停留一段时间后，它又悄悄地返回大海尽头。没有人知道小船的来历，大伙对此都感到十分好奇。有位大胆的少年，决心要上前一探究竟。当小船再次现身海边，少年立即爬了上去。小船载着少年，在海上一漂就是十几天。少年眼巴巴地望着四周，希望能看到点线索。可是，除了轮流出现的太阳、月亮，什么也没有。渐渐地，连太阳和月亮都消失不见，天地间只剩下白茫茫一片。

这天，少年突然发现远处陆地上有人影晃动！靠近一看，是一位姑娘正在岸上织布。一旁还有一位牵牛的小伙，和牛儿窃窃私语。少年连忙向两人询问槎的来历，两人笑而不答。小伙子给了少年一个提示：“快回去吧！你回到蜀郡（今四川）后，去请教一位名叫严君平的人，他会告诉你答案。”少年按照牵牛人的话，找到了严君平——一位了不起的天文星象学家。严君平告诉少年：他乘坐的不是普通的木筏，而是来往于银河间的仙槎。而和少年对话的那两位神秘人物，正是天上的织女和牛郎星座啊！

佛光瑞霭罩金身
——素三彩佛雕

在中国古老的传统文化中，有很多动人的神话故事。尤其在众多传世绘画、雕刻、宗教造像、文学作品中，菩萨神仙们总是被塑造得生动传神，多姿多彩。在中国国家博物馆内，就有两尊造型精美的菩萨坐像。他们的衣饰鲜艳华丽，层次分明，配上白皙的肤色，给人以柔和清雅的美感。参观者中有人忍不住发出惊叹：唐三彩果然名不虚传！

虽然器表的釉彩像极了著名的唐三彩，可专家还是肯定地告诉我们：这对造像绝不是唐三彩，而是素三彩。“唐”和“素”看似只有一字之差，实际上却差之千里。素三彩始于明代成化年间，是瓷釉上彩的品种之一。明清两代景德镇曾生产过这种釉上低温彩瓷器，先经过1200摄氏度以上的高温烧成素胚胎，再用彩釉上色画样，最后经低温烧成。由于色彩以黄、绿、紫为主打，不施红色，“素三彩”因此而得名。

素三彩釉色丰泽有光晕，用色庄重且素净，比唐三彩多了几分清新素雅。在明朝正德年间，素三彩工艺已经十分精美。北京故宫博物院收藏了一件“海水蟾纹洗”，正是传世正德素三彩的典型器物。清朝时，它又增加了一种特有的蓝色，工艺也更加复杂。据考证，这组明成化“素三彩菩萨像”一共有三尊。几经战乱辗转，其中一尊已经遗失，剩下两尊更显得弥足珍贵。

海水蟾纹洗

说起剩下的两位菩萨，可是大伙儿熟悉的“老面孔”。还记得《西游记》中，背着菩萨私逃下界的“金毛犼”和“青狮精”吗？金毛犼偷走了观音的宝物紫金铃，在朱紫国兴风作浪，打伤

素三彩佛雕

百姓、抢走王妃，害得国王一病不起。青狮精的手段更加阴险，它变成一个呼风唤雨的妖道，略微施展手段，就把乌鸡国王害死在井底。一个拐卖妇女、伤及无辜；一个杀人害命、谋权篡位，难怪孙悟空埋怨菩萨管教不严。两只神兽知道自己犯下大错，这会儿正老老实实趴在两尊菩萨坐像的身下，再也不敢放肆了。

金毛犼造型可爱，眼神瞟着前方，修长的胡须和卷曲的眉毛，显得憨态可掬。端坐在金毛犼上的观音菩萨，双眉细美、目光柔和，全身金碧相间，神情淡雅庄重。她捧着一只鲜翠欲滴的仙果，一足踏莲、一足踞起，双肩的璎珞飘带轻轻垂落在莲花台上。“千处祈求千处现，苦海常坐度人舟”，大慈大悲的观音菩萨已经成为中国传统文化中“善良宽容、博爱无私”的象征。

与观音菩萨相对而坐的是文殊菩萨。在佛教经典中，文殊象征着“大智慧”。他一向外表严肃，手持利剑，威武庄重，与观音菩萨的慈眉善目大不相同。而这尊坐像头戴花蔓冠，双肩披璎珞，手持一卷经文，面容恬静安详。原来，文殊菩萨也有平易近人的一面。那只闯祸的青毛狮耷拉着双耳，顽皮的眼神似乎在说：愿尊菩萨教诲！

香薰中的美丽人生

——明成化鸭形熏炉

“髻子伤春慵更梳，晚风庭院落梅初。淡云来往月疏疏。玉鸭熏炉闲瑞脑，朱樱斗帐掩流苏。通犀还解避寒无？”

这是南宋著名女词人李清照写的一首词，描写了一位年轻女子的伤春情怀。习习晚风吹入庭院，寒梅已由盛开转到飘零，天边的月亮也显得朦胧遥远。绣楼里，一位少女被春愁折磨得心烦意乱，无心再梳妆打扮，只随意地挽起了发髻。在镶嵌着美玉的鸭形熏炉里，闲置着珍贵的龙脑香。一向喜欢龙脑香味的她，此刻连熏香都懒得点燃了。

熏香是燃香的工具。虽然李清照没有详细描写鸭形熏炉的形状，但我们仍然可以通过出土文物一睹它的风采。上海博物馆珍藏着一件明代成化年间烧制的素三彩鸭形熏炉——一只憨态可掬的鸭子，伸长脖子，尾巴高翘，昂首挺立，张着大嘴“嘎嘎”鸣叫。工匠捕捉住这个生动的瞬间，完美地表现出鸭子的灵性和憨态，具有触动人心的艺术效果。更巧妙的是，肥胖的鸭体被设计成上下两部分，上部形成了香薰的炉盖，下部是鸭腹、鸭足和鸭足下的方形底座。鸭背处留有对流孔，点燃鸭腹内的檀香、云香等香料，香气就会袅袅上升，从鸭口中散发出来，弥漫整个房间。四溢的清香，还能起到避秽消毒、除湿杀虫的功效。

博山错金香炉

熏香在中国有着悠久的历史。早在战国时代，人们就开始在室内焚香，清洁空气。到了汉朝，熏香开始成为一种民间习俗。那时候，有钱的大户人家都喜欢在屋里燃烧香料。贵客来访时，一定要点燃熏

明成化鸭形熏炉

炉，表示对客人的尊重。熏香的习俗一直延续到了今天。

有熏香，自然离不开熏炉。汉代时期，我国已经有了专为焚香设计的炉具。汉代的熏炉多用铜、陶制成，由器身和炉盖两部分组成。器身多被塑造成山峰状，喻指传说中神仙居住的博山。点燃后，烟气从炉盖的孔洞中缓缓飘出，香烟飘渺；炉盖似重峦叠嶂、云雾缭绕，使人恍惚闯入佛国仙境。

盛唐年间，贵族们热衷于一种银质香熏球。熏球内装置有两个环形活轴的小盂，精致小巧。在重力作用下，无论熏球如何滚动，环形活轴都能起到平衡作用，使香料不易倾覆。这个巧妙的设计，大大降低了火灾的安全隐患。宋代耀州窑打造的香熏炉，外形接近带托的茶盏，工艺考究。它器壁剔满纹饰，上面覆有镂空内盖，底部有五只人面足，堪称宋代香熏炉中的精品。

步入明清，人们的生活几乎离不开香熏的陪伴，熏炉的品种也越来越丰富。明代熏香炉常常被设计成可爱的动物造型，深受人们喜爱。景德镇官窑的鸭形熏炉就是其中的代表作，我国仅有两件留存至今。清朝宫廷内放置有高达三四尺的金钟鸟笼熏炉，均为掐丝珐琅、铸铜鎏金等工艺精品，彰显皇家奢华高贵的气派。时值岁寒，无论乡绅庶民、小姐老妪都人手一炉，成为明清一道多彩多姿的民俗风景。

感动中国的好“考官”

——针灸铜人

考场舞弊，自古有之。只要监考官稍有大意或心术不正，便可能将有真才实学的能人拒之门外，把百无一用的庸才恭迎进门。这样一来，后果会不堪设想！尤其是治病救人、关乎性命的医学，更不容许学艺不精的家伙蒙混过关。

我国北宋有位著名的医者，名叫王惟一，是针灸疗法方面的行家。针灸是我国发明的一种独特医疗方法：用一根细细的银针，消毒后扎入人的体内，能够接触病患的痛苦。如果涉及的人体穴位较多，病人满身都会被插满小银针，几乎变成一只“银刺猬”。细长闪亮的银针，在病人柔软的肚皮、胳膊、脖颈、脚底晃晃悠悠，真让人替针灸师捏把汗！针灸会不会带来危险呢?

当然不会。医生可不是随便乱扎一气，而是根据不同的病因，将银针准确刺激相应的穴位，起到治疗效果。经过几千年的摸索，人们终于弄清人体上666个穴位的位置和作用。王大夫深谙针灸之道，被宋仁宗和宋英宗聘为御用医官，专为皇帝和宫廷贵族治病。公元1025年，王惟一被任命为官方正式的针灸学家，主持全国上下的针灸教学。

针灸铜人

自王大夫出任大宋针灸总指导以来，第一件事就是决心改革不合理的考核制度。王大夫生平最痛恨考场舞弊和考官吹“黑哨”行为，他首创“铜人测试法”，用青铜铸造了一个绝妙的教学模型，起名针灸铜人。针灸铜人和真人一般大小，全身刻有666个穴位以及经络，每个穴位对应一个小孔，小孔旁详细注明了穴位名称。铜人内部中空，胸腹腔的五脏六腑可随意拆下和移动。练习时，学生可以一边动手扎针，一边记忆穴位，为老师节省了不少气力。

铜人的作用还不止这些！它最关键的任务是担任“考官”，检验学生的针灸技术是否合格。考试前，用一层蜡将铜人表面的穴位全部遮盖住，封死所有的孔洞，然后在空心铜人内灌满清水。考核一开始，老师任意报出一个穴位名称，由学生定穴并进行针刺。如果取穴正确，针头扎入蜡层下的穴位孔，小水注马上欢快地涌出来。如果怎么也扎不进铜人的“皮肤”，很遗憾，那你就乖乖等着补考吧！

新款“铜人考官”一经推出，立即受到广大医学家欢迎。从宋代到明代，人们一直使用铜人当考官。直到明朝，英宗皇帝见旧铜人表面磨损太严重，令人重铸了一个新铜人，接替了“老考官”的工作。针灸铜人不仅铁面无私，而且心甘情愿当做考生的“针靶子”——普天之下还有这么好的老师吗?

龙凤头上绕

——金累丝点翠凤冠

古代民间传说中常常提及，帝王出世前必有吉兆。诸如：城东头紫气冲天、凤凰展翅；城西头红光蔽日、金龙在天，等等。假如这些传闻发生在今天，人们一定会猜想：哪国的外星人又来骚扰地球了？但古人却相信有“天命”存在。即便在天子脑瓜上找不出任何祥云、金龙，人们也硬要造出一点儿龙踪凤影，显示皇室无上的尊贵和威严。于是，一顶举世无双的“帽子”诞生了。

古人称帽子为“冠”，成语“衣冠楚楚”、“冠冕堂皇”中的“冠”，指的都是它。佩戴时，不需要将头发全部盖住，而是用狭窄的冠梁遮住头顶一小部分，把头发束起来。不能遮阳，不能保暖，这样的帽子要了有啥用？千万不要小瞧了它，冠的作用大着呢！汉代时期，我国冠的种类就分成了多种。那时候，帽子可不是想戴就戴的，戴什么样的帽子更不能自己说了算。天子头戴“通天冠”，文儒头戴“进贤冠”，公卿大夫头戴“委貌冠”……不同的发冠，是区分天子、官吏、百姓身份的界限。这种冠服制度一直延续至明，“冠”的样式也大有改观，几乎让你认不出来了——这件金光闪闪、造型新颖的东东，真的是一顶帽子吗？

金累丝点翠凤冠

不能怨咱眼神不好，只能怪这顶帽子太花哨。帽顶上又是金龙，又是彩凤，还有不计其数的宝石、珍珠镶嵌，看得人眼花缭乱。这顶帽子名叫“凤冠”，是明朝孝靖皇后的个人财产。想当年，考古人员把它从定陵中翻出来的时候，也被它富丽堂皇的外表深深迷住了——帽顶上端，六条金丝编制的游龙升腾游走，微合的龙嘴中衔着名贵的奇珍异宝，正在欢快地吞吐嬉戏；帽顶中间，三只翠凤振动双翼，穿梭在珠宝化成的繁花绿叶之中；凤冠下部垂着六条叶状冠摆，几乎覆盖满了珍珠翠玉，好似朵朵祥云将游龙戏凤笼罩其中……制作如此精美华丽的凤冠，代价一定非同小可吧?

哎，你多虑啦！万历皇帝可是一位阔绰的主儿，区区71块红宝石、57块蓝宝石、5449颗名贵珍珠、上万缕金丝银线算得了什么？他一口气给自己的孝端、孝靖两位皇后制作了四顶凤冠，一顶比一顶华丽。有了凤冠，皇后更加光彩照人、端庄绚丽，母仪天下的高贵气质顷刻流露出来。

不过，无论凤冠多么美丽华贵，皇后也不愿意成天顶着它外出。因为，它太沉了，足足有五斤重！时间一长，那滋味能好受吗？只有在太庙祭拜祖宗、举行宫中重大庆典，皇后才迫不得已戴上沉甸甸的凤冠——繁华富贵最终竟成了无奈的负担。如果万历皇帝知道这一切，不知会作何感想?

明朝那些家具
——明式家具

相传，古代第一位农业、医学专家神农氏，发明了席和褥；黄帝之子、东夷首领少昊，发明了竹编床“箦”；随后，帝尧创造毯，轩辕拉帏帐，大禹立屏风，伊尹做亮隔，周公发明帘，吕望打梳匣，嬴政制镜台，曹操造懒架……就这样，一个功能齐全、居住舒适的“家”渐渐完整起来。其中，各色家具功不可没。

家具与我们朝夕相处，是记录人类生活起居必不可少的符号。一定程度上，家具反映了一个国家和民族的历史特点和文化传统。自从有了它，我们的生活变得更方便，也更进步。

起初，古人习惯席地而坐，没有椅子。床既是卧具，也是坐具。隋唐

明·黄花梨木方背椅

以后，人们的起居才逐渐分为“席地”和“垂足”两种。传世名画《高逸图》，描绘了魏晋时期著名人物“竹林七贤”，四位高士就坐在华丽的毡毯上，谈笑风生；唐代佳作《挥扇仕女图》，则展现了唐人垂足而坐的画

明式矮南官帽椅

明式罗锅枨小马蹄脚炕桌

面，画中一名妃子独坐圈椅，若有所思。

随着“垂足”的流行，家具也从矮形逐渐向高形发展。待到五代顾闳中创作《韩熙载夜宴图》时，室内的桌椅床榻、绣墩屏风已华丽非常。大宋年间，椅子开始引领家具潮流，种类也逐渐多样化。“金交椅”、“银交椅”、“檀香椅”、“白木御椅”等等，大多用于厅堂会客。明清时期，中国古代家具基本定型为高型家具，分成椅凳、几案、柜橱、床榻、台架和屏座六类。其中，以木质稀有、工艺精巧的明式家具最为珍贵。

明式家具多选用材质坚硬、自然华美的珍贵木材，以蜡饰表现天然纹理和色泽，浸润了明代文人古朴雅致的审美趣味。永乐初年，明朝迁都北京，在王城内土木大兴。但无论是皇族建府，还是富贾修园，都讲究使用珍稀木材。加上崇祯帝开放海禁后，郑和七下西洋，从东南亚带来了丰富的木材资源。一时间，各种名贵木材纷纷进驻京城，数量之大、品种之多，亘古未有。

最名贵的木材当推紫檀木，其次是黄花梨木，再者是鸡翅木和红木。黄花梨木主要产于我国海南省，色如琥珀、玉质感强、纹理细密，不管寒暑都不变形、不开裂、不弯曲，适合做异形家具。明代文人雅士崇尚自然，黄花梨木就成为宫廷家具的首选。

用材昂贵，自然要惜木如金了。在明式家具上，你几乎找不到一滴胶水、一颗钉子，各部件都以精巧的榫卯技术结合一体。有趣的是，家具中

明式四面平霸王枨大画桌

的明式椅尤为高大气派。一般身高的人坐上去，脚根本无法着地，不得不把脚放在承足上。难道明朝人各个人高马大，身材伟岸？其实，这是明式家具独具匠心的设计。它结合了人体学和中医经络学，用“承足”分散受力。人坐上去不仅舒适，还有助于纠正身姿坐态。明式椅通常置于正式场合，要求使用者正襟危坐，潜移默化地影响了人们的行为方式。

大清皇帝是个“小气鬼”
——金瓯永固杯

清宫里面收藏了无数奇珍异宝，可乾隆爷偏偏对一只小金杯情有独钟，每年只有大年初一才舍得使用一回。更稀罕的是，虽然它是酒杯，却不能用来喝酒——你是不是对这个小玩意刮目相看了?

这只金灿灿的小酒杯，称得上是世界上最漂亮、最昂贵的酒杯之一。它是乾隆年间制作的，迄今为止已有200多年。可你瞧得出它“年事已高”吗？照样金光夺目、熠熠生辉，似乎刚刚从工匠手中接过来一样。它全部由纯金打造，周身遍布卷草花叶，中间开放着大大小小的宝相花。宝相花是一种象征吉祥的团，专门用来装饰重要额器物。每一朵宝相花花蕊都镶嵌着华丽的珠宝，珍珠、红宝石、蓝宝石，还有罕见的碧玺呢。碧玺

金瓯永固杯

也是一种装饰宝石，颜色分成红、绿、黄多种。

最让人心动的，还是杯身左下角那颗粉嫩的桃花碧玺。酒杯上凹下去的花纹缝隙中，填充着亮丽翠蓝的色彩，明晃晃、蓝汪汪，至今都没有褪去。它可不是普通的颜料，而是翠鸟身上鲜翠欲滴的娇艳羽毛。工匠们

把羽毛一点点儿填入金杯的缝隙，用胶水粘好，这种制作手法叫做“点翠”。200多年的岁月侵蚀，让金杯里的羽毛脱落了一部分，但我们依然能想象，当时的它有多么光彩照人。在酒杯口沿的地方装饰有一圈回形纹饰，正中刻有“金瓯永固”四个字，这就是它的名字了——金瓯永固杯。

乾隆爷花重金打造的金酒杯，为什么一年才舍得用上一回呢？原来，金瓯永固杯代表着特殊的含义，象征皇室政权吉祥稳固。“瓯”本义是指瓦制的盆盂，后来被人们用来比喻疆土的完整。金杯上刻绘的各种图案，寄托了乾隆皇帝乞求上天保佑国富民强的美好心愿。在乾隆爷心中，金瓯永固杯关系着江山社稷的长治久安，因此他不惜用最昂贵的九成金制作、最昂贵的珠宝装饰。而且每年的开笔仪式，乾隆都将金瓯永固杯作为重要法物，平日里当然很难见到它的尊容啦！

至于开笔仪式，可不是从乾隆爷这儿开始的，而是由雍正皇帝创制，到乾隆时真正形成。大年初一那天，皇帝来到养心殿内名叫“明窗”的房间，等待子时到来。房间里事先摆好了毛笔、纸张、砚台，还有盛满苏屠酒的金瓯永固杯。子正一到，皇帝立刻点燃蜡烛，用笔依次蘸上朱砂、黑墨，写几个吉祥字；接着许下心愿，翻查日历，象征明年风调雨顺、国泰民安。金瓯永固杯里装的酒，可以用来驱邪避凶。原来金瓯永固杯这么神圣，怪不得乾隆帝一年才会用一次！

彩瓷有价，美丽无价

——珐琅彩瓷与粉彩瓷

2002年，一尊雍正官窑粉彩蝠桃纹橄榄瓶，在香港拍卖会上以4150万港元拍出，成为当时清代瓷器全球拍卖价格的NO.1；2006年，一只乾隆御制珐琅彩“杏林春燕图”碗，在香港拍卖会拍得1.57亿人民币，打破了粉彩蝠桃纹橄榄瓶保持的世界纪录；2010年，另一对乾隆御制珐琅彩“祥云瑞蝠”、“四季花卉”掐瓶，以1.23亿元人民币高价轻松拍出；相隔仅一个月，一尊乾隆粉彩镂空“吉庆有余”转心瓶再度震惊世界，在英国拍卖会上，它以5.54亿元的“天价”成交，重夺中国瓷器乃至中国艺术品拍卖最高价的王者之位！

珐琅彩瓷与粉彩瓷激烈的价格之争，引发了全世界的关注。同为低温釉上彩，它俩从诞生之日起便争芳斗艳、各展风华。

在我国陶瓷艺术的百花园里，珐琅彩瓷出身高贵，人称“瓷中皇

“吉庆有余”转心瓶

“杏林春燕图”碗

蝠桃纹橄榄瓶

后”。“珐琅彩”又称“画珐琅”，是一种舶来工艺，原籍欧洲。清朝康熙末年，法国传教士进贡了一些铜胎画珐琅器，令康熙帝一见钟情。他决定将这种珐琅工艺，“嫁接”到中国瓷器上，并开始大胆尝试。

一直以来，明清两代的宫廷用瓷都交付景德镇烧造，再运至北京。唯有珐琅彩瓷与众不同，康熙不仅在清宫造办处下设立专窑，还命意大利传教士郎世宁督造。烧造前，先在景德镇御窑挑选上等好料，烧成优质的素瓷，然后运至京城；接着，由宫廷画师精心绘制上彩，最后经宫窑低温彩炉二次烧造而成。为了方便自己随时巡视，康熙干脆把宫窑“窑址”设在了养心殿。

公元1723年，雍正继位。他在继承父亲江山的同时，也继承了康熙对珐琅彩瓷的酷爱。每件瓷器由他亲自设计，一一过问，并对瓷器的器形、花样、材料，作出了细致的批示。当时提供画稿的珐琅画师，很多是翰林出身，书画功底极其深厚。乾隆时期，珐琅彩瓷器在器型和数量上也有了很大发展。

珐琅彩瓷是皇帝御前珍玩，集万千宠爱于一身。它胎骨洁白细腻，釉面滋润如玉，色泽明快艳丽，纹饰写实清晰，堪称清朝彩瓷的巅峰之作。那么，粉彩瓷又是如何吸引人们注意的呢？

如果把青花瓷比作中国水墨，珐琅彩瓷比作西洋油画，那么粉彩瓷更像一幅兼容并蓄的水粉画，浓妆淡抹总相宜。

康熙末年，受到“珐琅彩”的影响，景德镇御窑在中国传统五彩瓷的基础上，烧制出一种独具特色的新瓷器。它的独特之处在于，彩绘时掺加一种白色彩料——“玻璃白”。“玻璃白”具有乳浊效果，画出的图案可发挥渲染技法的特性，让瓷器粉润柔和，富于国画风格，因此被称为“粉彩”或“软彩”。

据统计，粉彩瓷有数百个品种、近千个花面，大过巨人、小不盈指。白地粉彩绘画精湛，妩媚娇艳；色地粉彩彩上加彩，华丽富贵；仿生粉彩惟妙惟肖，形象生动。有人说，粉彩瓷没有皇家豪华的制作阵容；也有人说，珐琅彩瓷缺少民间智慧的鼎力相助。但事实上，无论谁更胜一筹，它们都是无可取代的国之瑰宝，令华人骄傲，令世界叹服。

爱看星星的爷孙俩

——金钱珍珠天球仪

早在刀耕火种、结绳记事的远古时代，人们就对深邃的夜空充满了好奇。无论是游牧的部落，还是航海的民族，都有了一个共同的发现：不管他们走到哪个陌生的地方，抬头总能看见一片熟悉的星空。于是，他们便把夜幕中点点的繁星连成各种美丽的星座，并给它们一一命名。从此，当远游的人们迷失了方向，只要在夜空中找到那些熟悉的星座，就一定能踏上温暖的归家的路。

随着岁月的推移，人们也在星空中读懂了更多大自然的奥秘：花开花落、草木枯荣、鸟兽滋生，都能在闪耀的星光中找到暗示。越来越多的人开始加入天文爱好者行列，就连康熙和乾隆两位皇帝，都一发不可收拾地爱上了天文学。为了更好地观测星空，康熙命人铸造了六件天文仪器放置在观象台上，打造成了一个小型“天文观测站”。乾隆甚至在古老的天文仪器上动起了脑筋，运用西方先进的机械技术，对中国古老的浑天仪进行了一次华丽“改造”。

金嵌珍珠天球仪

经过清宫内务府造办处全体“工作人员”的努力，这个美丽奢华、灵活奇巧的天球仪终于诞生。整个天球仪都由纯金打造而成；珐琅的镂空底座上，雕刻着奔腾汹涌的滔滔海浪；奔腾的浪花中，九条威风凛凛的游龙正在追逐争抢着一个圆形的天球。天球的表面镶嵌了3000多颗大小不一的珍珠，在阳光的照耀下闪闪夺目。

别光顾着欣赏它的华丽精美，天球仪还是一个令人惊叹的科学仪。在天球的表面，精确地标示出了地球的赤道、黄道、子午圈和南北极，通过它可以清楚地了解日月星辰的相互位置和运动规律。天球仪上镶嵌的晶莹钻石，可不仅仅是为了装饰哦！这些钻石还有更重要的作用，那就是代表夜空中3242颗闪烁的星星。钻石之间有各自的连线，把散落的星星连成了300个形状各异的星座。仔细观察，你会发现钻石的个头有大有小，这又有什么特殊的含义呢？原来，天球上的珍珠越大，代表的星星就越明亮耀眼。最大的珍珠象征着宇宙中最亮的一等星，最小的珍珠象征着最暗的六等星。聪明的工匠就是运用这个办法，把西方的星等原理巧妙地表达了出来。

天球仪的表演还没有到此结束！拿出一把黄金打造的小钥匙，插入天球仪顶端南部的三个小孔，再轻轻旋拧几圈，神奇一幕便发生了——静止不动的天球仪竟然慢慢旋转起来！遥不可及的浩瀚星海顷刻出现在人们眼前。日升月落、斗转星移……宇宙都在我们的掌心里了。

同舟共济水让路

——大禹治水玉山

玉者，石之美也。在中国古代，精美的玉石被看成神物，又被视为瑞兆，受到帝王和贵族的珍爱。收藏美玉也成为历代帝王的一大嗜好。

清代玉器的繁荣始于乾隆二十五年，即公元1760年。清军在新疆人民的支持下，平定了分裂势力的叛乱，巩固了在新疆的统治。新疆和田地区出产的美玉也源源不断送往京城，为大型玉雕制作奠定了基础。

和田位于新疆维吾尔自治区西南部，出产的玉石质地细腻，色如凝脂，是中国玉石中的极品。两百多年前的某一天，几位石匠在和田密勒塔山开采过程中，意外发现一块高2米、重5吨的完整玉石。不不，更正一下，是座巨大的“玉山”！它纹理多变，色泽沉静，一看就是块雕塑的好材料。工人欣喜万分，立即向皇上汇报了玉山的消息。皇帝一听十分感兴趣，下令将玉山移到皇宫，由他亲自设计并监督雕刻。

密勒塔山距皇帝所在的北京城，约有一万多公里。要想将重达5吨的玉山搬运到京城，一定要多派几辆重型大卡车和起重机才行……打住！你这是做哪门子美梦呐？清代还没有现代运输工具，全凭人力搬动这座大玉山。为此，人们专门制作了一辆轴长11~12米的特大型木车。运输时，木车前排列一百多匹骏马，后面列有上千名役使，大家齐喊口号、前拉后推，逢山开路、遇水搭桥。这股排山倒海的气势，连愚公他老人家看了也自叹不如。虽然人手众多，但队伍的行进速度最快只能达到每天10公里左右。遇到三九严冬，人们便在路

大禹治水玉山

面上泼洒大量的水，低温让水迅速冻结，形成了一条滑溜溜的冰道，推行起来大为省力。就这样，上万名工人、成千匹骡马，一共奔走了四年，终于带着大玉山来到了北京城。

根据皇宫内收藏的一副《大禹治水图》，从扬州赶来的多位雕刻高手开始围着大玉山忙活起来。前前后后用了八年的工夫，大玉山才变成今天我们看到的样子，它向人们讲述了一个家喻户晓的故事——大禹治水。工匠根据玉石的纹理，雕刻出一座座山峰，山上岩石陡峭、急流奔腾，大禹带着成群的劳动大军在山路上奋战。有的用铁锤开凿山岩，有的用铁铲挖掘砂土，有的用杠杆合力撬动巨石……工人们的精神感动了上天，连金神和雷公都赶来为大禹助阵。几路大军齐开动，洪水还不乖乖俯首听令！

大玉雕实在太大太沉了，完工后就被安放在皇宫的“乐寿堂”，直到今天都没有挪动过。在大玉山的背面，刻有乾隆皇帝的亲笔题诗，记录了玉料的来源和制作过程。最上方是乾隆帝为这块玉雕起的名字——“密勒塔山玉大禹治水图”。它和秋山行旅图玉山、会昌九老玉山一起，成为中国清代玉器史上的巅峰之作。

八仙拜寿，各显神通

——黑漆彩绘祝寿钟山

钟表，是人们日常生活中必不可少的物品，可是在三四百年前的中国明清时期，钟表还属于豪华的奢侈物，只有皇亲国戚才能拥有它。北京故宫的奉先殿，原是清朝皇帝祭祀祖先的地方，如今陈列着皇宫收藏的上千件华贵钟表，琳琅满目、华丽多彩。它们有的从英国、法国、瑞士、日本等国远道而来；有的来自我国著名钟表匠人之手……那时，皇宫的每个角落都摆放着钟表，滴答、滴答的钟鸣声几乎响彻了整个紫禁城。

要说最精美珍贵的机械钟表，当属乾隆皇帝亲自设计的黑漆彩绘群仙祝寿钟，他把这件巧夺天工的机械仪器作为六十大寿的贺礼，献给了自己亲爱的母亲。为啥不送中国传统的如意、金银，偏要送一个西洋的怪机器呢?

机械钟表起源于欧洲。自从钟表传入中国，中国的皇帝就对它表现出浓厚的兴趣，最早收藏钟表的是明朝的万历皇帝。公元1616年，西方的传教士开始尝试着向中国传教，意大利传教士利玛窦也是其中之一。为了讨好中国统治者，他为皇帝带来了丰厚的礼物，其中就包括一大一小两座自鸣钟。跟着滴答、滴答的清脆节奏，时针、分针、秒针有条不紊地一下下走动，这幅景象让万历皇帝非常开心，重重奖赏了利玛窦。于是，这两座自鸣钟成为皇宫收藏的第一批钟表。

黑漆彩绘祝寿钟山

与明朝皇帝相比，清朝皇帝对钟表的兴趣更是有增无减，他们想方设法收集各种各样钟表，这成了皇室成员的一种时尚。对西洋技术狂热痴迷的乾隆帝，不遗余力地收集各种奇钟异表，评价钟表的第一标准就是“新奇”。他拥有的钟表造型美观，制作精巧，件件都堪称绝世珍品。为了让母亲六十大寿过得隆重华丽，大孝子乾隆皇帝亲自参与设计，命工匠花费五年时间制作出了群仙“祝寿钟”。它高185厘米，宽102厘米，分成上下两层。无论檐角上的小兽，还是屋檐下的彩画，都严格按比例缩小，俨然是一座精巧逼真的皇家楼宇。

当然啦，它的秘密远不止这些！这个机械钟表究竟“新奇”在什么地方？看，楼阁正中有一面时钟，钟盘上的五个上弦孔，分别控制走时、报时、报刻、开关门和奏乐。钟盘内的变动布景箱和三间小屋，在固定时间会进行精彩的文艺演出。“叮叮当叮叮当……”伴随清脆悦耳的曲调，演出开始！

三位穿着相同的“小演员”从屋子里钻出来，配合默契地敲打着手中的乐器，为人们报时；紧接着，“海屋添筹”景箱内，起伏层叠的山峦发生了变化，一位童颜鹤发的仙人脚踏祥云缓缓升起，向天宇间的楼宇飞去；“群仙祝寿”景箱内更加热闹，高耸入云的仙山之巅，拄着手杖的老寿星和八仙欢聚一堂，八仙带着奇珍异宝前来祝寿……这时候的祝寿钟，钟鼓齐鸣、仙乐袅袅，简直比听大戏、看杂耍还要过瘾！

无声之诗，立体之画

——宝石盆景

俄罗斯皇室有珠宝镶嵌的复活节彩蛋，中国古代皇室也有极尽奢华的珠宝珍玩——宝石盆景。

盆景素有“无声之诗，立体之画”的美誉，是大自然景致的缩影。它不仅可以供人观赏，还蕴涵着浓厚的文化寓意。史书记载，晋代著名诗人陶渊明，曾用小盆栽种花卉；在唐代章怀太子李贤的墓室壁画上，绘有一位侍女手捧一盆结缀果实的精致小树；宋代树桩盆景造型精巧，能在有限的空间内展现幽深的自然风景；步入清朝，康乾盛世下的盆景艺术更是盛极一时，宫廷中甚至流行起一种独特的“像生盆景”，令人叹为观止。

偌大的清宫内，想让所有盆景四季常青、花开不败，必须派专人精心打理。“像生盆景”不但免去了拔草除虫、修枝剪叶等麻烦，还能时刻保持鲜艳欲滴、绚烂夺目。因为，盆景中的一沙一石、一草一木，全都是仿照自然景观用奇珍异宝打造而成。金、银、牙、角为枝干，珍珠、玉石、玛瑙、珊瑚做花叶，插在珐琅、雕漆、玻璃、翡翠质地的各色花盆里……它们如同传说中的“聚宝盆”，将居室衬托得富丽堂皇，成为宫廷文化不可或缺的一部分。

像生盆景主要摆放在皇宫内庭的“生活休闲区”，供皇帝、妃子赏玩。它们有的出自清宫造办处，有的来自各地的进贡，有的是王公大臣的献礼。由于制作地点不同，每一件盆景都体现了独特的地域工艺。广州入贡的盆景，采用紫檀木雕枝干，白铜片烧花瓣，红、蓝宝石堆砌假山；用珊瑚、象牙、密蜡雕刻成人物和瑞兽，将金属细丝弹簧或细铁丝连接成枝叶；花盆大多采用掐丝珐琅、金银累丝、玻璃镶嵌等工艺，充分发挥了广州新兴工艺的优势。

在我国故宫博物院内，收藏着很多价值连城的像生盆景。就拿康熙年间的“嵌珠宝万年仙寿盆景”来说吧！第一眼望去，花盆中闪耀着五光十色的奇珍异宝，就算把它搬上王母娘娘的瑶池盛会，也毫不逊色！

“万年仙寿盆景”使用镀金累丝锦纹工艺，盆身处有一条累丝金龙，在滚滚“波涛”中张牙舞爪，呼之欲出。“累丝”是我国古代金银器制作的传统工艺之一。工匠先将金银拉成细丝，然后编成辫股或网状，再焊接在器物上，手法最为精巧细致。盆沿处镶嵌了一圈红宝石，有50颗之多，金龙的眼球是两颗闪闪发亮的钻石，活灵活现。花盆内，最引人注目的当属那位“老寿星”了。他满面微笑，左手拄着拐杖，右手拿着灵芝，两侧有金童、金鹿分别侍立；寿星背后，珊瑚怪石玲珑有致，仙草奇花交相辉映，翡翠青松摇曳生姿；寿星脚下，青金石、碧玺、红宝石遍地皆是，俯首可得……宋人有吟“仙翁种玉芝，耕得紫玻璃”，描绘的正是这幅蓬莱仙境吧！

蓬莱仙境盆景

珊瑚牡丹盆景

皇宫里的玩具

——清宫儿童旧玩

中国玩具史可以追溯上千年。谁的玩具最好、最多、最精美？当然要数端坐深院内苑里的小皇帝了。就拿清朝来说吧，同治6岁登基，光绪4岁登基，而末代皇帝宣统荣登宝座时，只有3岁！为了哄“娃娃皇帝”高兴，太监宫女们使尽浑身解数，宫廷内的玩具数量一度猛增。

不知是哪个小皇帝爱热闹，每天闹着要听大戏、看杂耍。这可累坏了宫女太监，又是翻跟头，又是吊嗓子，比街头卖艺还辛苦！直到宫里来了几位“大胡子”传教士，进贡了一系列神奇的机械玩偶，小皇帝总算喜笑颜开。

只要用一个叫做“发条”的铁钥匙拧上几圈，齿轮便带动机器内芯缓缓转动，一场缤纷“好戏”就此开场！金发碧眼的外国小孩儿跳上“舞台”，左右各拿出一把椅子，双手扶稳向上摆动，做出高难度的腾空倒立。“专业动作，请勿模仿！”传教士得意地对众人说。紧接着，长方镀金鸟音笼里的机械鸟抖抖翅膀，清清嗓子，随着音乐唱起小曲儿。七彩蝴蝶前来伴舞，绕着“音乐家”翩翩欲飞，太有趣啦！

多宝阁

哼，雕虫小技！眼瞧小皇帝乐得拍巴掌，负责宫中物品制造的清宫造办处顿觉颜面扫地。经过一番研究，他们也成功地制作出一批机械玩具，精美程度、好玩指数都不亚于西洋玩具。唇红齿白的牙雕童子，手持羽扇、头戴方巾，在发条带动下笑盈盈地挥舞扇子，卖力地为主人驱赶暑热；几个铁皮小人抹着大花脸，穿着花戏袍，梳着小抓髫，咚咚锵锵地轮番登台，一招一式都有模有样。无论一出戏唱了多少遍，小人儿依旧精神抖擞、字正腔圆，一边演还一边喊："哇呀呀呀呀呀！"

铜镀金染牙箱童子风扇

当19世纪末火车进入中国，清宫的孩子又拥有了从国外采购的玩具火车。这种火车模型构造精密，轮机、煤槽和真家伙无异。人们用酒代替煤作为燃料，小火车就能在铁轨上"咔擦咔擦"地奔跑起来。与洋火车相比，国产的车船模型毫不逊色。清宫内藏有一只"水路两栖"小银船，船体雕刻走兽云纹，窗棂真实精巧，船底还带有四个轱辘，是一件不可多得的历史珍品。

玩具好玩固然重要，假若能寓教于乐、边玩边学，更是锦上添花！传统的七巧板、九连环和围棋等益智玩具，历来是古代人民的最爱。清宫内曾流行一种蒙古象棋，又叫"沙特拉"，造型、玩法与国际象棋类似。棋盘由颜色一深一浅、交替排列的六十四个小方格组成，棋子则是地道的草原风。士兵被刻成忠诚的猎犬，车马被刻成坚忍的骆驼，王爷、王后变成了诺颜和哈昙，仿佛让人亲临野性十足的大草原。面对战场毫不畏惧，调兵遣将从容不迫，小皇帝的"战略训练"先从下棋开始。

小银船

俗话说：文能提笔安天下，武能上马定乾坤。仅是纸上谈兵远远不够，小皇帝还要真刀真枪地练上几手！拿上一根1米长的竹棍，穿上满满的铜钱，帅气的“霸王鞭”就制成了。孩子们挥舞铜鞭、你来我往，铜钱碰撞得铮铮作响。不服气，就来比试比试！